工业和信息化部"十四五"规划教材

高等职业教育大数据工程技术系列教材

Python 语言程序设计
（工作手册式）

翁正秋　朱添田　主　编

吕明琪　田启明
　　　　　　　　　副主编
施莉莉　昝乡镇

电子工业出版社
Publishing House of Electronics Industry
北京·BEIJING

内 容 简 介

Python 语言不仅语法优雅、清晰、简洁，而且具有大量的第三方函数模块，因此很适合初学者作为程序设计入门语言进行学习，并且对学科交叉应用也很有帮助。

本书介绍 Python 语言程序设计的基础知识。全书以 Python 作为实现工具，介绍程序设计的基本思想和方法，培养读者利用 Python 语言解决各类实际问题的开发能力。在编写过程中，本书以项目案例为驱动，辅以知识点的讲解、突出问题求解方法与思维能力训练。全书共 10 章，主要内容有认识 Python、函数、分支与循环、列表与元组、字符串与文件、字典与集合、正则表达式、Python 数据挖掘与分析、类和对象、类的重用。

本书可作为普通高校计算机程序设计课程的教材，也可供社会各类工程技术与科研人员阅读参考。

未经许可，不得以任何方式复制或抄袭本书之部分或全部内容。
版权所有，侵权必究。

图书在版编目（CIP）数据

Python 语言程序设计：工作手册式 / 翁正秋，朱添田主编. —北京：电子工业出版社，2023.3
高等职业教育大数据工程技术系列教材
ISBN 978-7-121-44857-7

Ⅰ. ①P… Ⅱ. ①翁… ②朱… Ⅲ. ①软件工具－程序设计－高等职业教育－教材 Ⅳ. ①TP311.561

中国国家版本馆 CIP 数据核字（2023）第 005352 号

责任编辑：徐建军　　　文字编辑：王　炜
印　　刷：三河市良远印务有限公司
装　　订：三河市良远印务有限公司
出版发行：电子工业出版社
　　　　　北京市海淀区万寿路 173 信箱　邮编 100036
开　　本：787×1 092　1/16　印张：16.25　字数：416 千字
版　　次：2023 年 3 月第 1 版
印　　次：2023 年 7 月第 2 次印刷
印　　数：2 001~3 500 册　　　定价：52.00 元

凡所购买电子工业出版社图书有缺损问题，请向购买书店调换。若书店售缺，请与本社发行部联系，联系及邮购电话：（010）88254888，88258888。
质量投诉请发邮件至 zlts@phei.com.cn，盗版侵权举报请发邮件至 dbqq@phei.com.cn。
本书咨询联系方式：（010）88254570，xujj@phei.com.cn。

前言 Preface

Python 语言以语法优雅、清晰、简洁的设计哲学而闻名，它是一门易读、易维护、开源，并且受大量用户欢迎的、用途广泛的程序设计语言。随着大数据技术的飞速发展，Python 已经成为数据分析领域里最常用语言之一。

本书的基本定位是，将 Python 作为大数据技术与应用专业的第一门程序设计语言，介绍其程序设计的基础知识以及在大数据领域中的应用。全书以 Python 作为实现工具，介绍程序设计的基本思想和方法，培养学生利用 Python 解决各类实际问题的开发能力。

作为一门程序设计的入门课程，本书采用专题案例驱动的方式，教授 Python 的基础与应用，并配以丰富的应用实例，将各章知识点有机融合贯穿，增强了可操作性和可读性。实训内容既包含与 Python 语法规则相关的内容，也包含许多实际问题的程序设计，从而增强学生的学习兴趣，提高学生分析问题和解决问题的能力。

本书作为大数据技术与应用专业的入门语言教材，学时安排建议参考内容与学时安排表。

内容与学时安排

序 号	内 容	建 议 学 时
1	第 1 章 认识 Python	3
2	第 2 章 函数	3
3	第 3 章 分支与循环	6
4	第 4 章 列表与元组	6
5	第 5 章 字符串与文件	6
6	第 6 章 字典与集合	6
7	第 7 章 正则表达式	3
8	第 8 章 Python 数据挖掘与分析	6
9	第 9 章 类和对象	6
10	第 10 章 类的重用	3
	合计	48

此外，本书以编写团队开发的"猜数游戏"为主线进行编写，每章都包含案例、知识梳理、小结与习题、课外拓展、实训五大部分。

本书所有代码均在 Python 3.7 中测试通过，代码运行的 IDE 为 PyCharm，它由著名的

JetBrains 公司开发，带有一整套可以帮助用户在使用 Python 开发时提高效率的工具，如调试、语法高亮、Project 管理、代码跳转、智能提示、自动完成、单元测试、版本控制等功能。

  本书联合浙江工业大学、温州理工学院、温州职业技术学院和台州科技职业学院编写团队共同组织编写。由翁正秋、朱添田担任主编，由吕明琪、田启明、施莉莉、昝乡镇担任副主编。此外，参与部分编写工作的还有龚大丰、徐君卿、张雅洁、陈清华、施郁文、池万乐等。

  本书的编写得到了浙江省产学合作协同育人项目立项支持（项目编号：浙教办函〔2021〕7号-199）、浙江省高校"十三五"首批新形态教材建设项目"Python 语言及其应用"立项支持，以及工业和信息化部"十四五"规划教材"Python 语言程序设计（工作手册式）"立项支持，在此表示衷心的感谢。

  同时，本书结合编写团队多年的大数据教学与竞赛指导经验，从职业能力培养出发，结合"教、学、做、训"一体化教学需求，开发了 80 个微视频、98 个教学微课件、8 个在线项目、1000 多道题库等配套资源。为方便学生使用数字资源，还在书中增加了对应数字资源的二维码，包括微视频、课程教学大纲、实训考核大纲和教学课件、题库、题目解答、实训操作录屏、习题答案、拓展资源等。本书大部分章节都有对应的微课视频及实操视频，学生可扫描书中相应章节的二维码进行浏览学习。

  为了方便教师教学，本书配有电子教学课件及相关资源，请有此需要的教师登录华信教育资源网（www.hxedu.com.cn）免费注册后进行下载，如果有问题可在网站留言板留言或与电子工业出版社联系（E-mail：hxedu@phei.com.cn）。另外，本书对应课程目前作为浙江省精品在线开放课程立项建设，课程平台地址为 http://www.zjooc.cn（搜索"Python 语言程序设计"即可查询到该课程），如果有问题或需要相关资源可与编者联系（E-mail：derisweng@163.com）。

  教材建设是一项系统工程，需要在实践中不断加以完善及改进，同时由于编者水平有限，书中难免存在疏漏和不足之处，敬请同行专家和广大读者给予批评和指正。

编　者

目录 Contents

第1章 认识Python ··· （1）

1.1 案例 ··· （1）

    1.1.1 运行"我的第一个Python程序" ·· （1）

    1.1.2 求正方形的面积 ·· （3）

    1.1.3 制作第一个游戏 ·· （5）

    1.1.4 工作手册页：案例 ·· （5）

1.2 知识梳理 ·· （6）

    1.2.1 Python运行原理 ·· （6）

    1.2.2 语句的结束 ··· （7）

    1.2.3 注释 ··· （7）

    1.2.4 编码 ··· （8）

    1.2.5 输入与输出 ··· （8）

    1.2.6 值与类型 ··· （11）

    1.2.7 变量与标识符 ··· （14）

    1.2.8 运算符和不同类型的混合计算 ·· （15）

    1.2.9 字符串的连接与倍增 ·· （15）

    1.2.10 将数值转换成字符串 ··· （16）

    1.2.11 导入模块 ·· （16）

    1.2.12 安装Python ··· （17）

    1.2.13 Python 2与Python 3的版本切换 ·· （18）

    1.2.14 工作手册页：知识要点 ·· （22）

    1.2.15 工作手册页：Python开发环境介绍与安装 ································· （22）

1.3 小结与习题 ··· （23）

    1.3.1 小结 ·· （23）

    1.3.2 习题 ·· （23）

1.4 课外拓展 ·· （23）

1.5 实训 ··· （24）

    1.5.1 认识Python ·· （24）

1.5.2　Python 语言入门 (27)

第 2 章　函数 (30)

2.1　案例 (30)

　　2.1.1　用函数的方法输出"Hello world!" (30)

　　2.1.2　用函数的方法定义正方形的面积 (31)

　　2.1.3　用函数的方法定义猜数游戏 (32)

　　2.1.4　工作手册页：案例 (33)

2.2　知识梳理 (33)

　　2.2.1　函数的定义与调用 (33)

　　2.2.2　函数的参数 (34)

　　2.2.3　return 语句 (37)

　　2.2.4　局部变量与全局变量 (38)

　　2.2.5　函数的作用域 (39)

　　2.2.6　模块 (40)

　　2.2.7　编程缩进格式 (40)

　　2.2.8　文档字符串 (41)

　　2.2.9　格式化输出 (41)

　　2.2.10　内置函数 (42)

　　2.2.11　工作手册页：知识要点 (42)

2.3　小结与习题 (43)

　　2.3.1　小结 (43)

　　2.3.2　习题 (43)

2.4　课外拓展 (44)

2.5　实训 (45)

　　函数 (45)

第 3 章　分支与循环 (49)

3.1　案例 (49)

　　3.1.1　猜数游戏（一次猜数机会） (49)

　　3.1.2　猜数游戏（多次猜数机会）版本一 (50)

　　3.1.3　猜数游戏（多次猜数机会）版本二 (51)

　　3.1.4　工作手册页：案例 (52)

3.2　知识梳理 (52)

　　3.2.1　常用运算符 (52)

　　3.2.2　if 语句 (59)

　　3.2.3　while 循环 (63)

　　3.2.4　嵌套和中止循环 (66)

　　3.2.5　for 循环 (67)

　　3.2.6　工作手册页：分支语句的知识要点 (68)

　　3.2.7　工作手册页：while 循环的知识要点 (69)

　　3.2.8　工作手册页：for 循环的知识要点 (69)

3.3 小结与习题 (70)
    3.3.1 小结 (70)
    3.3.2 习题 (70)
3.4 课外拓展 (71)
3.5 实训 (74)
    3.5.1 分支 (74)
    3.5.2 循环 (78)

第4章 列表与元组 (81)

4.1 案例 (81)
    4.1.1 猜数游戏（记录游戏过程数据） (81)
    4.1.2 猜数游戏的扩展 (83)
    4.1.3 工作手册页：案例 (84)
4.2 知识梳理 (85)
    4.2.1 列表基础 (85)
    4.2.2 索引的使用 (87)
    4.2.3 求元素数量 (88)
    4.2.4 列表运算符 (88)
    4.2.5 列表的截取与拼接 (88)
    4.2.6 列表推导式 (89)
    4.2.7 嵌套列表 (90)
    4.2.8 列表函数与列表方法 (90)
    4.2.9 元组基础 (92)
    4.2.10 元组运算符 (93)
    4.2.11 元组的索引与截取 (94)
    4.2.12 元组内置函数 (94)
    4.2.13 工作手册页：列表的知识要点 (95)
    4.2.14 工作手册页：元组的知识要点 (96)
4.3 小结与习题 (97)
    4.3.1 小结 (97)
    4.3.2 习题 (97)
4.4 课外拓展 (97)
4.5 实训 (99)
    4.5.1 列表 (99)
    4.5.2 元组 (103)

第5章 字符串与文件 (106)

5.1 案例 (106)
    5.1.1 游戏中的字符串格式化及优化 (106)
    5.1.2 存储游戏的过程日志 (108)
    5.1.3 工作手册页：字符串案例 (110)
    5.1.4 工作手册页：文件案例 (111)

5.2 知识梳理 (111)
　　5.2.1 字符串写法 (111)
　　5.2.2 字符串操作 (112)
　　5.2.3 字符串运算符 (115)
　　5.2.4 字符串内建函数 (116)
　　5.2.5 字符串格式化符号（%） (118)
　　5.2.6 字符串格式化（format 函数） (118)
　　5.2.7 字符串切片（截取） (122)
　　5.2.8 转义字符 (124)
　　5.2.9 文件的打开方式 (125)
　　5.2.10 使用文件对象的各种方法 (126)
　　5.2.11 常用的文件、目录操作函数 (129)
　　5.2.12 工作手册页：字符串的知识要点 (131)
　　5.2.13 工作手册页：文件的知识要点 (132)
5.3 小结与习题 (132)
　　5.3.1 小结 (132)
　　5.3.2 习题 (133)
5.4 课外拓展 (133)
5.5 实训 (136)
　　5.5.1 字符串 (136)
　　5.5.2 文件 (140)

第6章 字典与集合 (143)

6.1 案例 (143)
　　6.1.1 利用字典改进猜数游戏 (143)
　　6.1.2 工作手册页：案例 (145)
6.2 知识梳理 (145)
　　6.2.1 字典的定义 (145)
　　6.2.2 访问字典中的值 (146)
　　6.2.3 修改字典 (147)
　　6.2.4 删除字典元素 (147)
　　6.2.5 字典键的特性 (148)
　　6.2.6 字典内置方法 (148)
　　6.2.7 字典内置函数 (149)
　　6.2.8 集合的定义 (150)
　　6.2.9 集合运算 (152)
　　6.2.10 更改集合 (154)
　　6.2.11 从集合中删除元素 (155)
　　6.2.12 集合的方法 (156)
　　6.2.13 集合内置函数 (157)
　　6.2.14 不可变集合 (157)

		6.2.15	工作手册页：知识要点 …………………………………………………………	(158)
	6.3	小结与习题 ………………………………………………………………………………		(159)
		6.3.1	小结 ………………………………………………………………………………	(159)
		6.3.2	习题 ………………………………………………………………………………	(159)
	6.4	课外拓展 …………………………………………………………………………………		(160)
	6.5	实训 ……………………………………………………………………………………………		(161)
		6.5.1	字典 ………………………………………………………………………………	(161)
		6.5.2	集合 ………………………………………………………………………………	(165)

第 7 章 正则表达式 …………………………………………………………………………… (168)

	7.1	案例 …………………………………………………………………………………………		(168)
		7.1.1	使用正则表达式进行网页解析 ………………………………………………	(168)
		7.1.2	正则表达式在数据清洗中的应用 ……………………………………………	(170)
		7.1.3	工作手册页：案例 …………………………………………………………	(173)
	7.2	知识梳理 …………………………………………………………………………………		(174)
		7.2.1	正则表达式 …………………………………………………………………	(174)
		7.2.2	修饰符 ……………………………………………………………………………	(174)
		7.2.3	模式 ………………………………………………………………………………	(174)
		7.2.4	compile 函数 ……………………………………………………………	(176)
		7.2.5	match 函数 ………………………………………………………………	(177)
		7.2.6	search 函数 ………………………………………………………………	(178)
		7.2.7	findall 函数 ……………………………………………………………	(180)
		7.2.8	检索和替换 …………………………………………………………………	(182)
		7.2.9	工作手册页：知识要点 ……………………………………………………	(183)
	7.3	小结与习题 ………………………………………………………………………………		(183)
		7.3.1	小结 ………………………………………………………………………………	(183)
		7.3.2	习题 ………………………………………………………………………………	(184)
	7.4	课外拓展 …………………………………………………………………………………		(184)
		大数据发展趋势 …………………………………………………………………………		(184)
	7.5	实训 ……………………………………………………………………………………………		(185)
		正则表达式 ………………………………………………………………………………		(185)

第 8 章 Python 数据挖掘与分析 ………………………………………………………………… (188)

	8.1	案例 …………………………………………………………………………………………		(188)
		8.1.1	电影数据读取、分析与展示 …………………………………………………	(188)
		8.1.2	电影数据分析与预测 ………………………………………………………	(190)
		8.1.3	工作手册页：案例 …………………………………………………………	(194)
	8.2	知识梳理 …………………………………………………………………………………		(195)
		8.2.1	数据获取和收集 ……………………………………………………………	(195)
		8.2.2	数据清洗和整理 ……………………………………………………………	(197)
		8.2.3	数据统计分析 ………………………………………………………………	(206)
		8.2.4	数据可视化 …………………………………………………………………	(209)

8.2.5　工作手册页：知识要点 ··(211)
　8.3　小结与习题 ··(212)
　　　8.3.1　小结 ··(212)
　　　8.3.2　习题 ··(212)
　8.4　课外拓展 ··(212)
　8.5　实训 ··(214)
　　　数据挖掘与分析 ··(214)

第 9 章　类和对象 ··(216)

　9.1　案例 ··(216)
　　　9.1.1　用类设计猜数游戏 ··(216)
　　　9.1.2　工作手册页：案例 ··(218)
　9.2　知识梳理 ··(219)
　　　9.2.1　类的定义 ··(219)
　　　9.2.2　类的实例化 ··(219)
　　　9.2.3　类属性 ··(220)
　　　9.2.4　对象属性 ··(220)
　　　9.2.5　构造函数 ··(222)
　　　9.2.6　静态方法 ··(222)
　　　9.2.7　实例方法 ··(223)
　　　9.2.8　get 方法和 set 方法 ··(224)
　　　9.2.9　工作手册页：知识要点 ··(225)
　9.3　小结与习题 ··(226)
　　　9.3.1　小结 ··(226)
　　　9.3.2　习题 ··(226)
　9.4　课外拓展 ··(226)
　9.5　实训 ··(227)
　　　类和对象 ··(227)

第 10 章　类的重用 ··(230)

　10.1　案例 ··(230)
　　　10.1.1　多个猜数游戏的实现 ··(230)
　　　10.1.2　工作手册页：案例 ··(237)
　10.2　知识梳理 ··(237)
　　　10.2.1　类的继承 ··(237)
　　　10.2.2　类的组合 ··(241)
　　　10.2.3　工作手册页：知识要点 ··(243)
　10.3　小结与习题 ··(243)
　　　10.3.1　小结 ··(243)
　　　10.3.2　习题 ··(244)
　10.4　课外拓展 ··(244)
　10.5　实训 ··(246)
　　　类的重用 ··(246)

第 1 章 认识 Python

学习任务

本章将对 Python 语言程序框架、开发环境和开发过程进行介绍。通过本章的学习，读者应了解 Python 语言程序宏观框架结构与特点，熟悉 Python 语言程序的开发环境与开发过程，了解 Python 语言程序设计应掌握的知识结构，以及掌握 Python 语言环境与相关工具的安装。

知识点

- Python 运行原理
- 语句的结束
- 注释
- 编码
- 输入与输出
- 值与类型
- 变量与标识符
- 运算符和不同类型的混合计算
- 字符串的连接与倍增
- 将数值转换成字符串
- 导入模块

1.1 案例

1.1.1 运行"我的第一个 Python 程序"

案例描述 创建一个文件 MyFirstPython.py，使用记事本编辑如下内容。

| 1 | # 我的第一个 Python 程序 |
| 2 | print ("Hello World!") |

保存后，打开命令窗口，切换到 MyFirstPython.py 所在的目录，然后执行下面的命令：

python MyFirstPython.py

运行结果如下：

Hello World!

案例说明

➢ 第 1 行：程序中用"#"表示注释，所有的注释都是不被执行的，在 PyCharm 中的快捷键为【Ctrl+/】。
➢ 第 2 行：利用 print 输出一个字符串，Python 的字符串写在双引号（""）或单引号（"）中。
➢ 在 cmd 命令窗口中执行 python MyFirstPython.py 时，可能会提示报错信息，系统找不到 Python 命令。此时，需要进行 Python 环境变量的配置，具体步骤如下所述。

步骤 1. 此计算机→单击右键→在快捷菜单中选择"属性"选项。
步骤 2. 在"属性"的"高级"选项中单击"环境变量"按钮。
步骤 3. 在系统变量中，找到 Path 并双击，如图 1-1 所示。

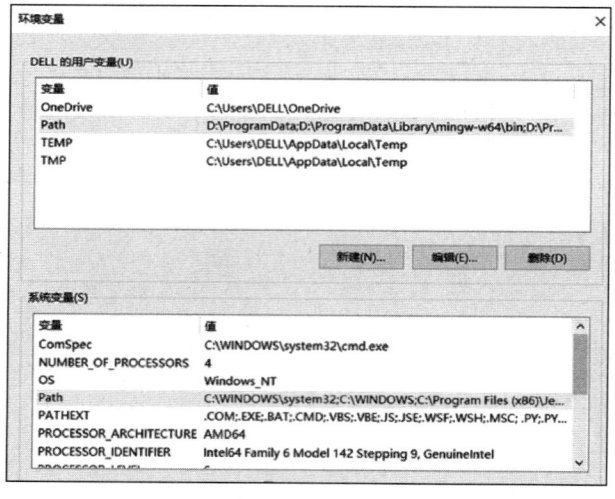

图 1-1　双击 Path

步骤 4. 找到安装 Python 的路径，在 Path 的最后面添加 Python 的安装目录（本教程安装目录为 D:\PYTHON36），如图 1-2 所示。同样，在 PATHEXT 的最后面添加".PY;.PYM"，如图 1-3 所示。
步骤 5. 单击"确定"按钮，直到设置完成。
步骤 6. 打开 cmd 窗口，输入 Python，出现图 1-4 中的提示信息即为配置成功。

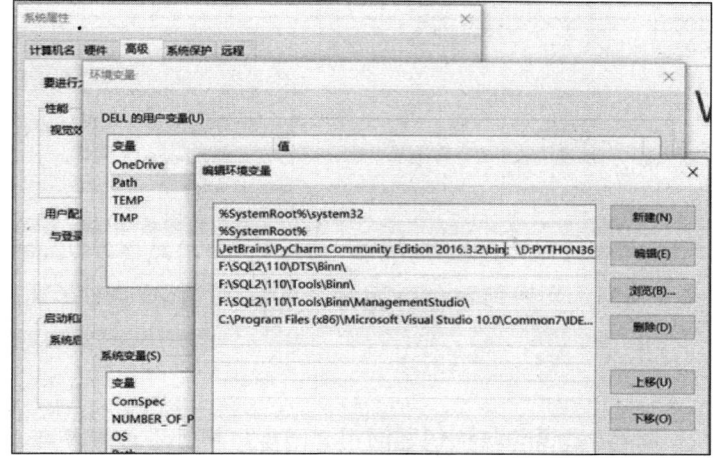

图 1-2　设置 Path 的路径

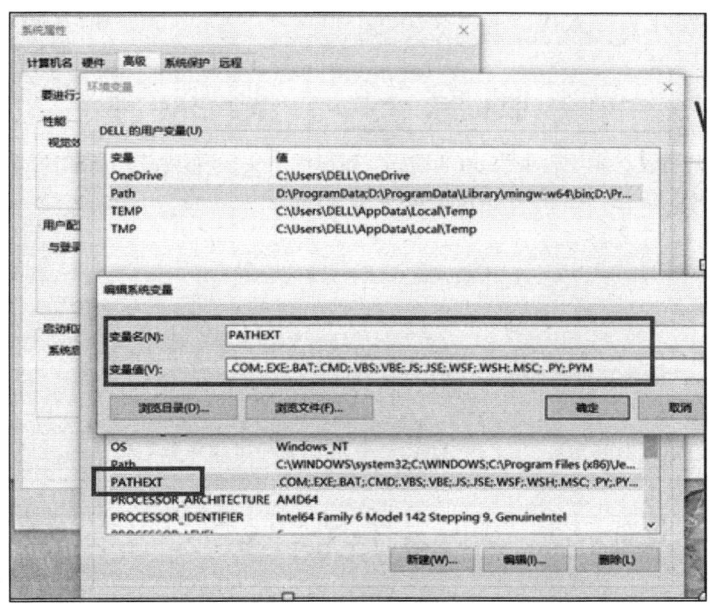

图 1-3　设置 PATHEXT 的内容

图 1-4　cmd 窗口

1.1.2　求正方形的面积

案例描述　输入正方形的边长，计算其面积。

1	print("求正方形的面积")	
2	a = 0	# a 为浮点型，表示正方形的边长
3	Area =0.0	# Area 为浮点型，表示面积
4	a = float(input("输入正方形的边长："))	
5	Area = 1.0 * a * a	# 正方形面积公式
6	print("求出的正方形面积是：" + str(Area))	# 利用 str()可以将数字转换为字符串

保存后，打开命令窗口，切换到 Square.py 所在的目录，然后执行下面的命令：

```
python Square.py
```

案例说明

➢ Python 程序非常简洁，语句与语句之间用"回车"换行进行分隔，一行一条语句。

➢ 关于编码的说明：

（1）Python 2 中默认的编码格式是 ASCII，但无法正确打印汉字，所以在读取中文时会报错。我们通过在文件开头加入代码 # -*- coding: utf-8 -*- 或 #coding=utf-8 即可解决此问题。

例如：

1	# -*- coding:utf-8 -*-
2	# 上述代码的含义：本文件使用 utf-8 编码（可以用中文），否则使用 ASCII 编码
3	# 或者用下面的方法，注意，#coding=utf-8 的 = 两边不要空格
4	# coding=utf-8
5	print("求正方形的面积")
6	a = 0 # a 为浮点型，表示正方形的边长
7	Area = 0.0 # Area 为浮点型，表示面积
8	a = float(input("输入正方形的边长："))
9	Area = 1.0 * a * a # 正方形面积公式
10	print("求出的正方形面积是："+ str(Area)) # 利用 str()可以将数字转换为字符串

（2）Python 3 默认使用 utf-8 编码，因为它能支持中文汉字的打印，所以就不需要在文件开头加入 utf-8 的编码格式说明了。

➢ 第 6、7 行：分别定义两个变量 a 和 Area。Python 的变量需要先定义再使用，它的定义可以赋初值形式完成变量的声明。Python 对大小写敏感，使用时要注意。

➢ 第 8 行：利用 input()完成输入，Python 的输入可以带一个文本提示，如案例中的"输入正方形的边长："。Python 3 的 input 输入类型为字符型数据，若要方便地输入浮点型的数据可使用数据类型转换函数 float()进行转换。

➢ Python 2 和 Python 3 的整数除法运算不一样，使用时一定要注意区分。

➢ 浮点数运算结果会因为精度不同而稍有差异，如果计算过程对精度有较高要求，则需使用 decimal 模块，具体参见 1.2.6 节中关于 float()与 decimal 模块的相关内容。

➢ 第 10 行：利用 str()可以实现数字与字符串的转换，字符串之间可通过"+"直接连接。

1.1.3 制作第一个游戏

```
1   import   random
2   secret = random.randint(1,1000)
3   guess = 0
4   tries = 0
5   print ("请你猜一猜从 1 到 1000，会出现一个什么数字？")
6   print("你只有 5 次机会哦！")
7   while guess != secret and tries < 5:
8       guess = eval(input("请输入你猜的数字："))
9       if guess < secret:
10          print ("太小了!!!!!!!!!! ")
11      elif guess > secret:
12          print ("太大了!!!!!!!!!! ")
13      tries = tries + 1
14  if guess == secret:
15      print ("猜对了，恭喜你!!!! ")
16  else:
17      print("很可惜，你猜错了！")
18      print("正确的数字为：" + str(secret))
```

案例说明

➢ 第 1 行：import 导入随机数库包 random。

➢ 第 2 行：random 包中 randint(1,1000)随机产生一个 1～1000 之间的整数。

➢ 第 7 行：用 while 语句控制允许输入的次数 tries，这里设置 5 次。用户可以不断尝试，直到猜中为止，或者用完所有的机会。

➢ 第 8 行：用户输入猜的数字。此处用 eval 方法对输入的数字进行判断，将字符串 str 当成有效的表达式来求值，并返回计算结果。

➢ 第 9～12 行：用 if 语句判断大小，根据秘密数检查用户猜的结果，即太大或是太小。

➢ 第 13 行：用掉一次机会。

➢ 第 14～18 行：根据用户猜的结果进行相应的信息打印输出。

提示：以每次缩进 4 个空格为准，第 13 行用掉一次机会后，会返回第 7 行，直到用完 5 次机会或游戏结束。

练一练：用新学的方法完成下面的练习。

1. 输入三角形的底边和高，计算其面积。
2. 编写一个猜数游戏，要求随机输入一个 1～10 之间的数，只提供 1 次猜测机会。

1.1.4 工作手册页：案例

学习记录：

关键知识点

1. 介绍案例【运行"我的第一个 Python 程序"】的内容。

掌握 Python 中注释的使用；print()、字符串的写法等。

2. 介绍案例【求正方形的面积】的内容。

掌握数据类型转换函数和打印输出的方法。

3. 介绍【制作第一个游戏】的内容。

掌握 import 导入随机数库包 random 的方法，以及使用 while 语句和 if 语句的方法。

1.2 知识梳理

1.2.1 Python 运行原理

Python 由解释器、编译器和虚拟机组成。Python 先把代码（.py 文件）编译成字节码，交给字节码虚拟机，然后虚拟机逐条执行字节码指令，从而完成程序的执行。字节码在 Python 虚拟机程序里对应的是 PyCodeObject 对象。.pyc 文件是字节码在磁盘上的表现形式。简单地说，当我们运行 Python 文件程序时，Python 解释器将源码转换为字节码，再把编译好的字节码转发到虚拟机（PVM）中执行，而编译器的作用是将部分程序的字节码转换成底层真正的二进制机器代码，从而实现更快的执行速度。

提示：Python 做了优化，以便更快地导入模块。通过创建字节编译的文件可以达到优化效果，Python 中编译后的文件以.pyc 为后缀名。

.pyc 是一种二进制文件，是.py 文件经编译后产生的一种跨平台的（平台无关）字节码，由 Python 虚拟机对其执行，类似于 Java 或.net 虚拟机的概念。不同的 Python 版本编译后的.pyc 文件是不同的。Python 运行原理如图 1-5 所示。

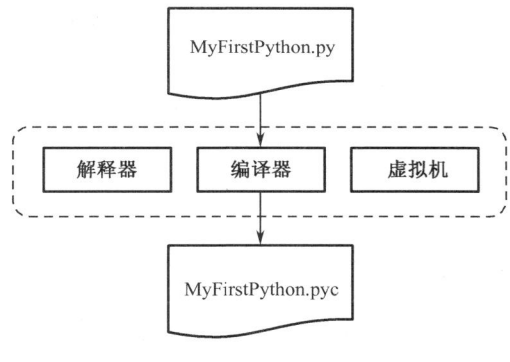

图 1-5　Python 运行原理

1.2.2　语句的结束

Python 中并没有特殊的符号用来表示一个语句的结束,一行就是一个语句,因此一行结束,语句即结束。

1.2.3　注释

编程有两个作用:一是使程序顺利执行且解决一些问题;二是记录解决一个问题的方法,利于后人在此基础上更有效地解决问题。所以评价程序的一个重要依据是它的源代码是否能被人看懂,这甚至比它是否可以被执行更重要。注释就是对代码的解释和说明,为了让别人一看就知道这段代码是做什么用的。正确的程序注释包括序言性注释和功能性注释。序言性注释主要包括模块的接口、数据的描述和模块的功能;功能性注释主要包括程序段的功能、语句的功能和数据的状态。

注释的内容不会被程序执行,一定要注意 Python 的注释标记只在"当前行"有效。注释可以采用如下三种方式。

单行注释:在任何代码前加上符号#就可以把该行代码变成一个注释,如【例 1-1】中的第 1 行所示。

行末注释:也可以在一行代码的最后加注释,如【例 1-1】中的第 2 行所示。

【例 1-1】单行注释与行末注释

| 1 | # My first Python program |
| 2 | print('Hello World')　　# 打印出 Hello World |

多行注释:可以在每行代码前面加一个符号#,如【例 1-2】中的第 1~5 行所示,也可以用"三重引号字符串"实现跨多行的注释,如【例 1-2】中的第 8~13 行所示。

【例 1-2】多行注释

1	# -*- coding:utf-8 -*-
2	# *********************
3	# My first Python program

```
4      # 打印出 Hello World
5      # *************************
6      print('Hello World')
7
8      '''多行注释的另一种写法
9      使用三重引号字符串
10     它其实是一个跨多行的字符串
11     由于这个字符串没有名字，程序对它不做任何处理
12     所以它对程序没有影响
13     '''
```

1.2.4 编码

Python 3 程序默认使用 utf-8 编码，能够支持中文。

Python 2 程序默认使用 ASCII 编码。Python 2 在处理数据时，只要数据没有指定编码类型，就默认将其当作 ASCII 编码来进行处理。这个问题最直接地表现是，当 Python 文件中包含中文字符时，运行就会提示出错。

因此在 Python 2 中，如果需要使用中文，就要在程序的第 1 行以注释的方式进行标注：

coding: utf-8

或者

coding=utf-8

其含义为"本文件使用 utf-8 编码"。utf-8 编码支持多种文字，包括中文。

要注意的是，即便使用了"# coding:utf-8"标注，程序代码中所有非中文的部分也必须都用英文输入法输入，如本行开始的"#"必须是英文输入的，包括运算符号也必须使用英文输入。

提示：因为计算机只能处理数字，如果要处理文本，就必须先把文本转换为数字才能处理。最早的计算机在设计时采用 8 比特（bit）作为 1 字节（byte），所以，1 字节能表示的最大整数就是 255（二进制 11111111=十进制 255）。如果要表示更大的整数，就必须用更多的字节，如 2 字节可以表示的最大整数是 65 535，4 字节可以表示的最大整数是 4 294 967 295。计算机是由美国人发明的，最早只有 127 个字符被编码到计算机里，也就是大小写英文字母、数字和一些符号，这个编码表称为 ASCII 编码。例如，大写字母 A 的编码是 65，小写字母 z 的编码是 122。

但是我们要处理中文显然 1 字节是不够的，至少需要 2 字节，而且还不能和 ASCII 编码冲突，所以，我国就制定了 GB 2312 编码，用来把中文编进去。

1.2.5 输入与输出

1. 输入

从键盘读取字符串是从用户处获取信息的一种最基本的方式。Python 3 提供了接收输入的方法，即使用 input()。

input 是一个输入函数，注意 input 后面必须加上英文字符的括号()。

程序的数据输入可以使用 input()，其格式是：

变量＝input（"提示信息"）

在命令行输入如下命令，如【例 1-3】所示。

【例 1-3】input()输入

1	**print**('你叫什么名字')
2	name = input("我的名字是：")
3	**print** ("你好！" + name.capitalize())

执行上述命令后，程序输出第 1 句后就停住了，此时 input()在等待用户的输入。

但是 input()通常用来输入字符型数据，若要方便地输入数值型数据可使用类型转换函数，如 int()，如【例 1-4】所示。

【例 1-4】输入数值型数据

1	**print** ("请输入你的幸运数字")
2	number = input("我的幸运数字是：")
3	numberNew = int(number) + 10
4	**print** ("祝你好运！" + str(numberNew))

实用技巧说明：

（1）capitalize()的作用是使字符串中的第 1 个字符为大写，而其他字符为小写。

【例 1-5】capitalize()

| | **print** ("deris weng".capitalize()) |

（2）使用 strip()可以去掉开头和末尾的空白字符。

【例 1-6】strip()

| | **print** ("   deris weng   ".strip()) |

（3）如果想知道字符串包含哪些函数，可以在交互式命令行中输入 dir(' ')。

【例 1-7】dir(' ')

| | **print**(dir('')) |

输出结果：

```
['__add__', '__class__', '__contains__', '__delattr__', '__doc__', '__eq__', '__format__', '__ge__', '__getattribute__', '__getitem__', '__getnewargs__', '__getslice__', '__gt__', '__hash__', '__init__', '__le__', '__len__', '__lt__', '__mod__', '__mul__', '__ne__', '__new__', '__reduce__', '__reduce_ex__', '__repr__', '__rmod__', '__rmul__', '__setattr__', '__sizeof__', '__str__', '__subclasshook__', '_formatter_field_name_split', '_formatter_parser', 'capitalize', 'center', 'count', 'decode', 'encode', 'endswith', 'expandtabs', 'find', 'format', 'index', 'isalnum', 'isalpha', 'isdigit', 'islower', 'isspace', 'istitle', 'isupper', 'join', 'ljust', 'lower', 'lstrip', 'partition', 'replace', 'rfind', 'rindex', 'rjust', 'rpartition', 'rsplit', 'rstrip', 'split', 'splitlines', 'startswith', 'strip', 'swapcase', 'title', 'translate', 'upper', 'zfill']
```

这些都是与字符串相关的函数，具体的使用方法可以查阅 Python 的帮助文档。

2. 输出

程序的输出可以使用 print()，但需要将输出的数据转换为字符串。print 意为打印，在 Python 中为打印内容到命令行（或者称终端、控制台）。

Python 2 基本格式：

```
print 要打印的内容
```

或者

```
print(要打印的内容)
```

Python 3 基本格式：

```
print(要打印的内容)
```

这里一定要用英文字符的括号，所有程序中出现的符号都必须为英文字符。

如果直接在 print() 后面加一段文字来输出的话，需要给文字加上双引号或单引号。

【例 1-8】print() 输出

```
1    print('Hello World')         # 单引号
2    print("Hello World")         # 双引号
```

print() 除打印文字外，还能输出各种数字、运算结果、比较结果等。

【例 1-9】print() 输出的各种数字、运算结果、比较结果等

```
1    print(100)              # 100
2    print(3.1415926)        # 3.1415926
3    print(8e50)             # 8e+50
4    print(1 + 2 + 3)        # 6
5    print(10 < 11)          # True
6    print(10 > 11)          # False
```

其实在 Python 命令行下，"print"是可以省略的，默认情况下就会输出每一次命令的结果。

【例 1-10】Python 命令行下，"print"可以省略

```
1    'Hello World'           # Hello World
2    5+8*2                   # 21
3    10<11                   # True
```

实用技巧说明：

（1）print() 在标准输出窗口中打印每个字符串时，默认情况下就会用空格进行分隔。

【例 1-11】默认用空格分隔

```
print ('Hello','deris','weng')      # Hello deris weng
```

（2）如果想要用字符串分隔，可以使用如下方法。

【例 1-12】用字符串分隔

	print ('Hello','deris','weng' ,sep=',')　　# Hello,deris,weng

（3）默认情况下，print()打印完毕后会换行。

【例 1-13】默认换行

1	**print**('deris')
2	**print**('weng')

输出结果：

deris
weng

（4）默认情况下，想要在同一行打印其他内容，可以使用如下方法。

【例 1-14】在同一行打印

1	**print**('deris',end='')　　# 指定结束字符为空字符串
2	**print**('weng')

输出结果：

derisweng

注意：空格也占一个字符，上例的单引号内没有空格。

1.2.6　值与类型

计算机程序可以处理各种各样的数值。但是，计算机能处理的远不止数值，它还可以处理文本、图形、音频、视频、网页等数据，不同的数据需要定义不同的数据类型。在 Python 中，能够直接处理的数据类型主要有以下几种。

1．数字型

Python 3 支持 int、float、complex，如表 1-1 所示。

表 1-1　Python 3 支持的数据类型

int	float	complex
9	0.0	123.45j
99	9.99	1234.j
−99	−999.9	0.12e−34j
0x123AB123EF	99.9+e99	12e+345j

（1）整数型数据（int）

Python 可以处理任意大小的整数，包括负整数。在程序中的表示方法和数学上的写法相同，如 1、−120、100、0 等。由于计算机使用的是二进制，所以用十六进制表示整数比较方便，如十六进制用 0x 前缀和 0～9、a～f 表示，以及 0xff00、0x1a2b3c 等。

在 Python 3 里，只有一种整数类型 int，表示为长整型，没有 Python 2 中的 Long 类型。

（2）浮点型数据（float）

浮点数也就是小数，之所以称为浮点数，是因为按照科学计数法表示时，一个浮点数的小数点位置是可变的，如 $1.23×10^9$ 和 $12.3×10^8$ 是完全相等的。浮点数可以用数学写法表示，如 1.23、-1.23 等。但是对于很大或很小的浮点数，就必须用科学计数法表示，把 10 用 e 替代，$1.23 * 10^9$ 就是 1.23e9，或者 12.3e8，0.000012 可以写成 1.2e-5，等等。

整数和浮点数在计算机内部存储的方式是不同的，整数运算永远是精确的，而浮点数运算则可能会有四舍五入的误差。

特别要注意浮点数的运算，如浮点数的加法，0.54+0.4 显示结果为 0.9400000000000001，并不是我们想象中的 0.94，这是因为浮点数内部是二进制表示的，在形式上是一个无限系列。

【例 1-15】浮点数运算的不精确性

	print(0.54+0.4)

输出结果：

0.9400000000000001

如果想要得到一个精确的结果，建议用 decimal 模块。使用 decimal 模块对 0.54+0.4 的精确度进行修改，设置精度参数 prec=2，如【例 1-16】所示，最后得到的结果为 0.94。

【例 1-16】利用 decimal 模块得到一个精确的结果

1	import decimal
2	from decimal import Decimal
3	decimal.getcontext().prec = 2 # 设置精度，即小数点位数
4	print(Decimal(0.54) + Decimal(0.4))

输出结果：

0.94

（3）复数（complex）

Python 还支持复数，复数由实数部分和虚数部分构成，可以用 a + bj 或 complex(a,b)表示，复数的实部 a 和虚部 b 都是浮点型。

提示：数值的除法（/）总是返回一个浮点数，要想获取整数则使用//操作符。

在混合计算时，Python3 会把整型转换成浮点数。

2. 字符串

字符串是以单引号 ' 或双引号 " 括起来的任意文本，如'abc'、"xyz"等。' 或 ""本身只是一种表示方式，不是字符串的一部分，因此，字符串 'abc' 只有 a、b、c 这三个字符。如果' 本身也是一个字符，那就可以用 "" 括起来，如"I'm OK" 包含的字符是 I、'、m、空格、O、K 这 6 个字符。

如果字符串内部既包含单引号 ' 又包含双引号 "，就可以用转义字符 \ 来标识。

【例 1-17】转义字符 \ 的使用

	print('I\'m \"OK\"!')

输出结果:

I'm "OK"!

其他转义字符的示例,本书将在 5.2.8 节中详细介绍。

3. 布尔值

布尔值和布尔代数的表示完全一致,一个布尔值只有 True、False 两种值。在 Python 中,可以直接用 True、False 表示布尔值(请注意大小写),也可以通过布尔运算计算出布尔值。

【例 1-18】各种布尔运算

| 1 | print(True) |
| 2 | # True |

| 1 | print(False) |
| 2 | # False |

| 1 | print(3 > 2) |
| 2 | # True |

| 1 | print(3 > 5) |
| 2 | # False |

布尔值可以用 and、or 和 not 进行运算。

and 运算是与运算,只有所有的值都为 True 时,and 运算结果才是 True。

【例 1-19】and 运算

| 1 | print(True and True) |
| 2 | # True |

| 1 | print(True and False) |
| 2 | # False |

| 1 | print(False and False) |
| 2 | # False |

| 1 | print(5 > 3 and 3 > 1) |
| 2 | # True |

or 运算是或运算,只要其中有一个值为 True,or 运算结果就是 True。

【例 1-20】or 运算

| 1 | print(True or True) |
| 2 | # True |

| 1 | print(True or False) |
| 2 | # True |

1	print(False or False)
2	# False

1	print(5 > 3 or 1 > 3)
2	# True

not 运算是非运算，它是一个单目运算符，可以把 True 变成 False，把 False 变成 True。

【例 1-21】not 运算

1	print(not True)
2	# False

1	print(not False)
2	# True

1	print(not 1 > 2)
2	# True

布尔值经常用在条件判断中。

【例 1-22】条件判断中使用布尔值

1	if age >= 18:
2	print('成年')
3	else:
4	print('未成年')

4. 空值

空值是 Python 里一个特殊的值，用 None 表示。None 不能理解为 0，因为 0 是有意义的，而 None 是一个特殊的空值。

此外，Python 还提供了列表、字典等多种数据类型，还允许创建自定义数据类型。

5. 其他数据类型

Python 能够支持其他常用的数据类型，如 List（列表）、Tuple（元组）、Sets（集合）、Dictionary（字典）。这些数据类型将会在后续的章节中详细介绍。

Python 还提供了一个可以查看数据类型的"内置函数"type()，如定义 a=10，执行 print(type(a)) 之后，结果是 int。

1.2.7 变量与标识符

变量来源于数学，是计算机语言中存储计算结果或表示值的抽象概念。变量可以通过变量名访问，程序员所起的名字称为"标识符"。在计算机程序中，变量不仅可以是数字，还可以是任意数据类型。变量在程序中是用一个变量名表示的，变量名必须是大/小写英文、数字和_的组合，并且不能用数字开头。

标识符的规范（即程序中为自定义的目标起名的规范）如下：
（1）可以由字母、数字、下画线组成；
（2）长度不限；
（3）必须由字母或下画线开始；
（4）大小写敏感（不同）；
（5）不可以使用 Python 的关键字。

注意：
（1）Python 没有常量机制，如果确实需要某些不可改变的数据，可将其名称大写，如 PI = 3.14。
（2）Python 可以同时为多个变量赋值，如 a, b = 1, 2。
（3）一个变量可以通过赋值指向不同类型的对象。

1.2.8 运算符和不同类型的混合计算

Python 支持常用的算术运算，如加、减、乘、除和括号，算术运算的对象必须是数值。关于算术运算的优先级，Python 世界和现实世界是一样的，需要注意的是，Python 提供的括号可以进行嵌套。

1.2.9 字符串的连接与倍增

Python 中有很多字符串的连接方式，下面介绍几种常见的方式。
（1）最原始的字符串连接方式，直接用"+"来连接两个字符串，即 str1 + str2，如下所示：

'Deris' + 'Weng' = 'DerisWeng'

（2）如果两个字符串用","隔开，那么这两个字符串将被连接，但字符串之间会多出一个空格，即 str1, str2，如下所示：

'Deris', 'Weng' = 'Deris Weng'

（3）Python 还支持把两个字符串放在一起，中间可以有空格或没有空格，即两个字符串会自动连接为一个字符串，如下所示：

'Deris''Weng' = 'DerisWeng'
'Deris' 'Weng' = 'DerisWeng'

（4）用符号"%"连接一个字符串和一组变量，字符串中的特殊标记会自动被右边变量组中的变量替换，即 'name:%s; sex: ' % ('Deris ', 'Female')，如下所示：

'%s, %s' % ('Deris', 'Weng') = 'Deris, Weng'

（5）利用字符串的函数 join 进行连接。这个函数接收一个列表，然后用字符串依次连接列表中的每一个元素，如下所示：

var_list = ['Deris', 'Weng ', 'Female']
a = '***'
a.join(var_list) = 'Deris ***Weng ***Female'

（6）利用字符串乘法进行连接，如下所示：

a = 'Weng'
a * 3 = 'WengWengWeng'

1.2.10 将数值转换成字符串

（1）（Python 2 的用法）利用一对反撇（反撇和单引号不一样）：`数值`进行转换。

【例 1-23】反撇的使用

```
1  # Python 2
2  a = 123
3  b = 456
4  c = a + b
5  d= 'a 与 b 作为字符连接：' + `a` +`b`
6  print(c)
7  print(d)
```

输出结果：

579
a 与 b 作为字符连接：123456

（2）使用 str()可以达到同样的转换效果。

【例 1-24】str()的使用

```
1  # Python 2 或 Python 3
2  a = 123
3  b = 456
4  d= 'a 与 b 作为字符连接：' + str(a) + str(b)
5  print(d)
```

输出结果：

a 与 b 作为字符连接：123456

1.2.11 导入模块

Python 是由一系列模块组成的，每个模块就是一个以.py 为后缀的文件，同时模块也是一个命名空间，从而避免了变量名称冲突的问题。我们可以将模块理解为 lib 库，当需要使用某个模块中的函数或对象时，导入这个模块即可。系统默认的模块（内置函数）不需要导入。

导入模块有以下两种方法。

第 1 种，使用 import 导入。

【例 1-25】import 导入

```
1  import test
2  test.add()              # 假设 test 中有 add 方法，可直接进行调用
```

第 2 种，使用 from…import 导入。

【例 1-26】from…import 导入

| 1 | from test import * |
| 2 | add()   # 假设 test 中有 add 方法，可直接进行调用 |

模块是一组 Python 代码的集合，可以使用其他模块，也可以被其他模块使用。创建自己的模块时，要注意：

（1）模块名要遵循 Python 变量命名规范，不要使用中文、特殊字符；

（2）模块名不要和系统模块名冲突，应先查看系统中是否已存在该模块。检查方法是在 Python 交互环境中执行 import abc，若成功则说明系统存在此模块。

1.2.12 安装 Python

安装 Python 环境之前必须弄清楚以下两种工具的区别，即编码器和 IDE。

1. 编码器

目前，Python 有两个版本，分别是 Python 2.x 和 Python 3.x，这两个版本的语法有些区别，是不兼容的。因为现在 Python 正在朝着 Python 3.x 进化，在进化过程中，大量针对 Python 2.x 的代码需要修改后才能运行，所以有许多第三方库还暂时无法在 Python 3.x 上使用。本书的版本为 Python 3.6，可以在 Python 的官方网站中下载。

2. IDE

IDE（Integrated Development Environment）是用于提供程序开发环境的应用程序，包括代码编辑器、编译器、调试器和图形用户界面等工具。

常见的使用工具如下。

（1）PyCharm：PyCharm 是带有一整套可以帮助用户在使用 Python 开发时提高其效率的工具，如调试、语法高亮、Project 管理、代码跳转、智能提示、自动完成、单元测试、版本控制等。

（2）IDLE：IDLE 是一个纯 Python 下使用 Tkinter 编写的基本的 IDE。

（3）Ipython：Ipython 是一个 Python 的交互式 Shell，比默认的 Pythonshell 好用得多。

3. 安装并使用 IDE 集成开发环境 PyCharm

（1）安装 Python 3.6 msi 包。

（2）安装 PyCharm GUI 开发环境。

（3）新建工程并配置解释器，如图 1-6 所示。

（4）新建 Python 文件，如图 1-7 所示。

（5）输入代码：

```
print 'Hello world!'
```

（6）选择"Run"选项开始运行，如图 1-8 所示。

（7）运行结果如图 1-9 所示。

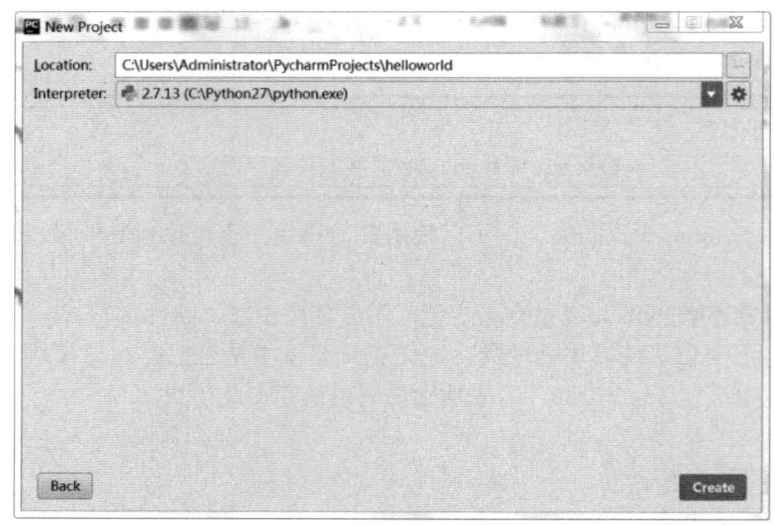

图 1-6　新建工程并配置解释器

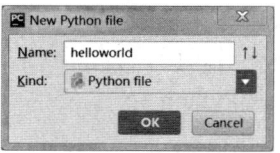 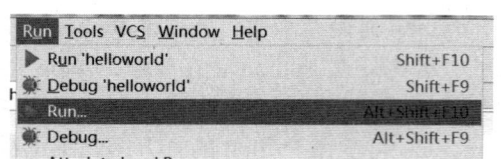

图 1-7　新建 Python 文件　　　　　　图 1-8　选择"Run"选项开始运行

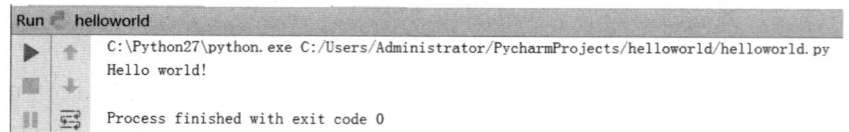

图 1-9　运行结果

1.2.13　Python 2 与 Python 3 的版本切换

　　Python 3 相对于 Python 的早期版本做了较大的升级。由于 Python 3 之后的版本在设计时没有考虑向下兼容性的问题，使许多针对早期 Python 版本设计的代码都无法在 Python 3 上正常执行。Python 2.6 作为一个过渡版本，使用了 Python 2.x 的语法和库，同时也考虑了向 Python 3 的迁移，允许使用部分 Python 3 的语法和函数。但是仍然存在很多的兼容性问题，考虑从 Python 2 到 Python 3 的过渡，我们可能会碰到两个版本之间的切换问题。下面先针对 PyCharm 中 Python 2 与 Python 3 之间切换的两种方法进行介绍。

　　方法一：

　　步骤 1. 若看到有方框标注的内容（Configure Python Interpreter），则表示版本有问题。可单击"Configure Python Interpreter"链接，如图 1-10 所示。

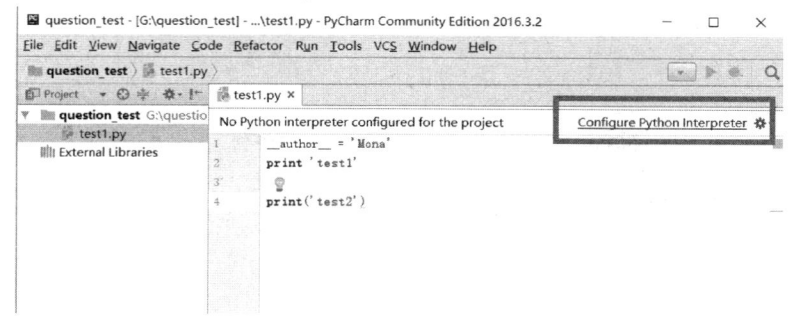

图 1-10　单击"Configure Python Interpreter"链接

步骤 2. 看到如图 1-11 所示的版本切换界面。

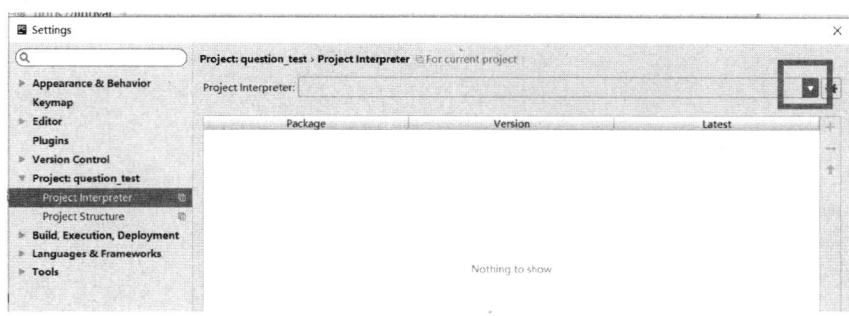

图 1-11　版本切换界面

步骤 3. 先选择"Project Interpreter"选项，再选择 Python 的 3.6.1 版本进行切换，如图 1-12 所示。

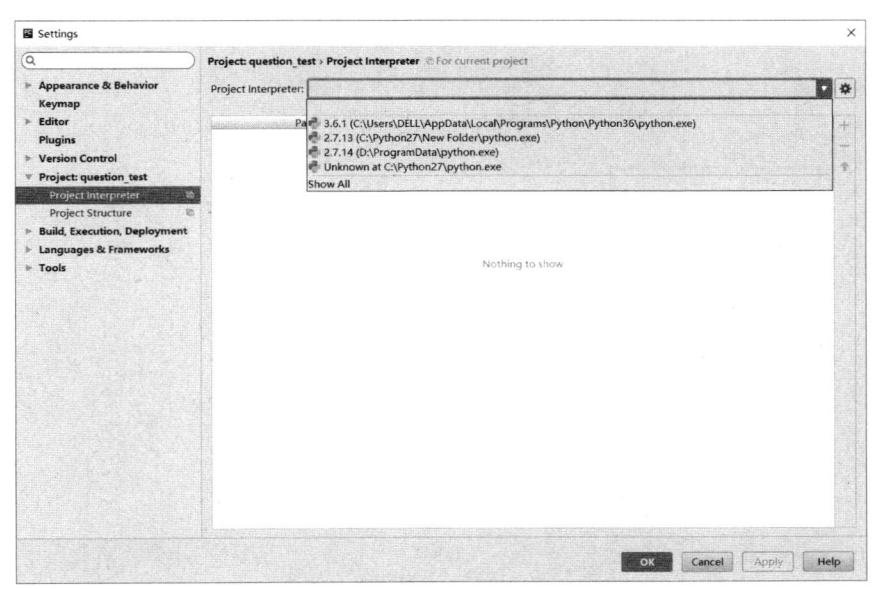

图 1-12　选择 Python 的 3.6.1 版本进行切换

步骤 4. 返回输入界面后，会看到第 2 行代码有红色的错误提示，这是因为当前使用的版本是 Python 3。在执行 print 时，打印的文字需要添加圆括号()，这样就完成了从 Python 2 到 Python 3 的切换，如图 1-13 所示。

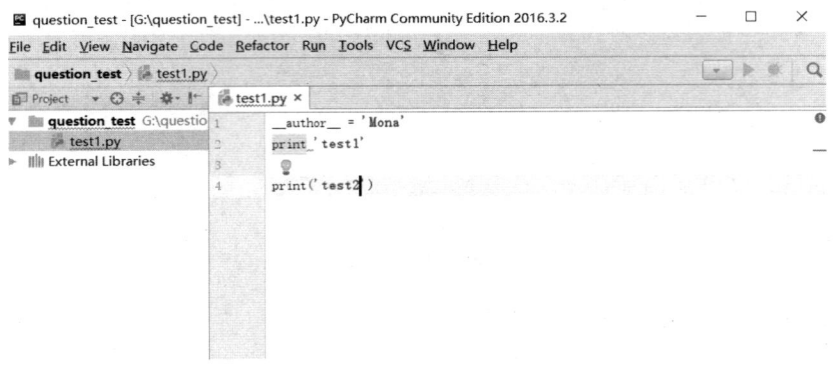

图 1-13　完成版本切换

方法二：

步骤 1. 在工具栏中选择"File"选项，如图 1-14 所示。

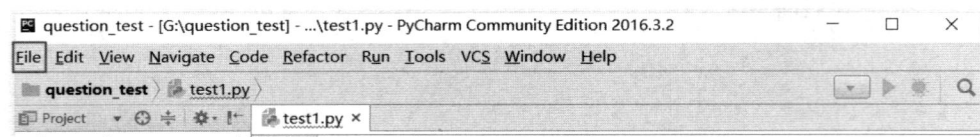

图 1-14　选择"File"选项

步骤 2. 在下拉菜单中，选择"Settings"选项，如图 1-15 所示。

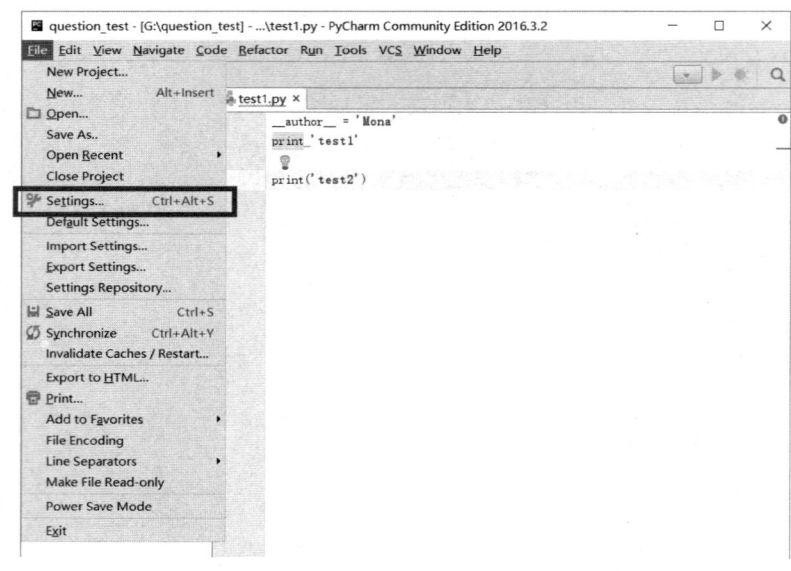

图 1-15　选择"Settings"选项

步骤 3. 选择"Project Interpreter"选项，可以看到当前使用的版本是"3.6.1"，如图 1-16 所示。

第1章 认识Python

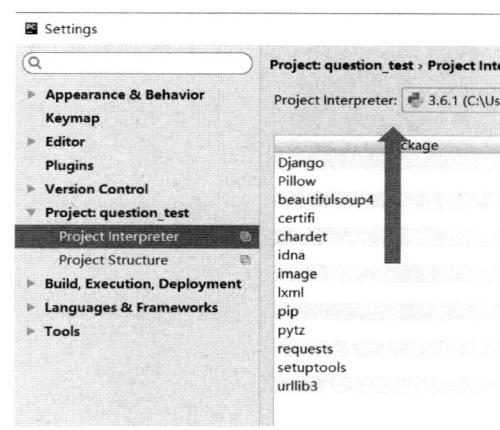

图 1-16 选择"Project Interpreter"选项

步骤 4. 打开下拉列表会显示出很多个不同的 Python 版本，在这里我们选择 Python 2.7.13 版本，如图 1-17 所示。

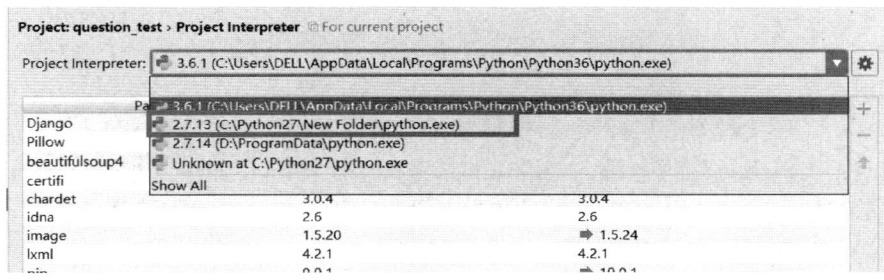

图 1-17 选择 Python 2.7.13 版本

步骤 5. 单击"Apply"按钮，然后单击"OK"按钮，如图 1-18 所示。

图 1-18 单击"OK"按钮

步骤 6. 可以看到，代码中没有出现红色的错误提示，如图 1-19 所示。现在 PyCharm 使用的是 Python 2.7 版本。这里执行 print 时不需要加圆括号，当然加了也没问题。

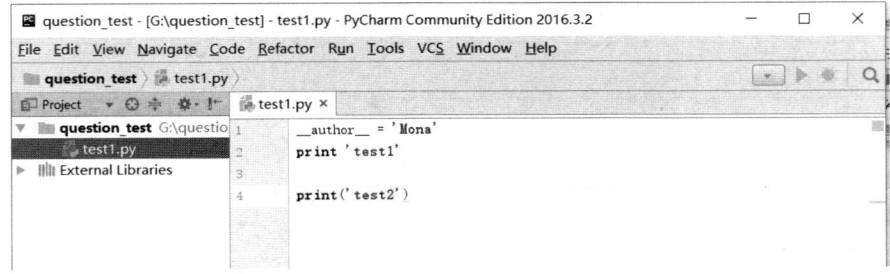

图 1-19 没有出现红色的错误提示

1.2.14　工作手册页：知识要点

学习记录：_____

_____
_____
_____
_____
_____
_____
_____
_____
_____
_____
_____

关键知识点

学习目标：了解 Python 语言的宏观框架与特点。

知识要点：①Python 运行原理；②语句的结束；③注释；④编码；⑤输入与输出；⑥值与类型；⑦变量与标识符；⑧运算符和不同类型的混合计算；⑨字符串的连接与倍增；⑩将数值转换成字符串；⑪导入模块。

本部分主要讲解 Python 的基础知识，通过提问相关问题，加深读者对知识点的理解。

1.2.15　工作手册页：Python 开发环境介绍与安装

学习记录：_____

_____
_____
_____
_____
_____
_____
_____
_____
_____
_____
_____

关键知识点

了解自己计算机的操作系统，选择合适的 Python 自带开发环境。登录 Python 官网，了解常用操作系统和版本适合的开发环境。了解 Python 自带开发环境 IDLE 的两种模式。了解 Python 的第三方集成开发环境，包括 Anaconda（Jupyter Notebook、Spyder）、PyCharm 等。根据给出的安装任务，能够在现场进行安装。

1.3 小结与习题

1.3.1 小结

本章从三个简单的案例出发，介绍了 Python 的程序框架、开发环境和开发过程。

通过本章的学习，读者将可以了解 Python 开发的过程，并通过实例训练学会安装 Python 语言环境的方法。

1.3.2 习题

1. 如何启动 IDLE？
2. print 的作用是什么？input 的作用是什么？
3. 启动运行一个程序时，IDLE 会显示什么？
4. Python 运行程序又叫什么？

1.4 课外拓展

Python 是一种面向对象的解释型计算机程序设计语言，由荷兰人 Guido van Rossum 于 1989 年发明，并于 1991 年发行了第 1 个公开版。

Python 是纯粹的自由软件，源代码和解释器 CPython 均遵循 GPL（GNU General Public License）协议。Python 语法简洁清晰，强制采用空白符（White Space）作为语句缩进是其特色之一。

在 IEEE 发布的 2017 年编程语言排行榜中 Python 高居首位。

1982 年，Guido 从阿姆斯特丹大学（University of Amsterdam）获得了数学和计算机硕士学位。他开始接触并使用过诸如 Pascal、C、Fortran 等语言，这些语言的基本设计原则是让机器能更快地运行。在 20 世纪 80 年代，虽然 IBM 和苹果等公司已经掀起了个人计算机浪潮，但在今天看来这些个人计算机的配置是很低的，如早期的 Macintosh，只有 8MHz 的 CPU 主频和 128KB 的 RAM，一个大的数组就能占满其内存。所有编释器的核心功能都是做优化，以便让程序能够运行得更快。

Shell 作为 UNIX 系统的解释器（Interpreter）已经长期存在。UNIX 系统的管理员常常用 Shell 编写一些简单的脚本，以进行系统维护的工作，如定期备份、文件系统管理等。Shell 可以像胶水一样，将 UNIX 系统下的许多功能黏接在一起。许多 C 语言中上百行的程序，在 Shell

中只用几行就可以完成。然而，Shell 的本质是调用命令，它并不是一个真正的语言，如 Shell 没有数值型的数据类型，连进行简单的加法运算都很困难。总之，Shell 不能全面地调动计算机的功能。

Guido 希望有一种语言既能像 C 语言那样，全面调用计算机的功能接口，又可以像 Shell 那样轻松地编程。这时 ABC 语言让 Guido 看到了希望，ABC 语言是由荷兰的 CWI（Centrum Wiskunde & Informatica，数学和计算机研究所）开发的。Guido 在 CWI 工作，并参与了 ABC 语言的开发。ABC 语言的目标是，让语言变得容易阅读、容易使用、容易记忆、容易学习，并以此来激发人们学习编程的兴趣。

1989 年，Guido 为了打发圣诞节假期，开始进行 Python 语言的编译工作。"Python"来自 Guido 喜爱的电视剧 Monty Python's Flying Circus（BBC 于 1960—1970 年播放的室内情景幽默剧，以当时的英国生活为素材）。他希望这个叫作 Python 的语言，能实现他的理念（一种介于 C 语言和 Shell 之间，功能全面、易学易用、可拓展的语言）。

Python 得到了 Guido 同事的欢迎，他们迅速地反馈使用意见，并参与到 Python 的改进中。Guido 和一些同事组成了 Python 的核心团队，他们很快将 Python 拓展到 CWI 之外。Python 将许多机器层面的细节隐藏，交给编译器处理，并凸显出逻辑层面的编程思考。Python 程序员可以有更多的时间用于思考程序的逻辑，而不是具体的实现细节。

Python 在设计上坚持了清晰划一的风格，这使得 Python 成为一门易读、易维护，并且被大量用户所欢迎的、用途广泛的语言。

在设计 Python 语言时，开发人员采用了明确的、没有或很少有歧义的语法，使 Python 源代码具备了比 Perl 更好的可读性，并且能够支撑大规模的软件开发。

素养勋章要点：

1. 简要描述 Python 的设计哲学；
2. 上网查询近几年 TIOBE 编程语言的排行榜，了解 Python 语言的排行情况；
3. 通过参考文献的学习和网络资源的查找，简要列举 Python 的运用领域。

1.5 实训

1.5.1 认识 Python

一、实训目的

1. 了解 Python 运行原理与注释的使用。
2. 掌握 Python 的编码规范。
3. 掌握 Python 输入与输出的写法。
4. 掌握 Python 变量与标识符的运用。
5. 能够利用 Python 编写简单的 Python 代码。

二、单元练习

（一）选择题

1. 下列用户标识符中合法的是（　　）。
   A．2name、length1、_e1　　　　　B．m_a、name、#int
   C．m_Name、length1、_name　　　D．_name、Gen$2、length1

2. 关于标识符，下列说法错误的是（　　）。
   A．标识符可以由字母、数字、下画线组成
   B．标识符必须由字母、下画线、数字开始
   C．标识符的大小写敏感（不同）
   D．标识符不可以使用 Python 的关键字

3. 将 Python 中的.py 文件转换为.pyc 文件的组件为（　　）。
   A．编辑器　　　B．编译器　　　C．虚拟机　　　D．连接器

（二）填空题

1. Python 由_____、_____和_____三个主要部分组成。
2. Python 程序设计中一行可以写_____条语句，每条语句以_____结束。
3. Python 程序设计的注释是以_____开头的，也可以用_____符号代替注释，注释对程序的执行不起任何作用。
4. 编写 Python 语言，其扩展名为_____，编译后生成的文件扩展名为_____。
5. Python 3 的数字类型分为_____、_____、_____、_____等子类型。
6. 使用_____符号可以把一行过长的 Python 语句分解成几行。
7. Python 2 中使用_____支持中文编码。

（三）名词解释

1. 解释器：_____。
2. 编译器：_____。
3. 虚拟机：_____。

三、实训任务

任务 1：【安装 Python】

1. 从 Python 官方网站下载并安装 Python 3.6 msi 包。
2. 安装 PyCharm GUI 开发环境。
3. 配置 Python 环境变量，并能成功地在 cmd 命令下进行 Python 的代码运行。

任务 2：【打印】

编写一个简短的程序，并打印出下列内容：你的姓名、生日和你最喜欢的颜色，具体格式如下所示。

```
*******************************
你的姓名
生日
你最喜欢的颜色
*******************************
```

程序编写于下方

任务 3：【求直角三角形的面积】

输入直角三角形的三条边，三条边均为整型，计算其面积，并将结果以浮点型输出。

程序编写于下方

任务 4：【求圆形的周长】

输入圆的直径，计算其周长（pi = 3.14）。

程序编写于下方

四、拓展任务

任务 1：【求梯形的面积】

输入梯形的上底、下底和高，计算梯形的面积。

程序编写于下方

任务 2：【求菱形的面积】

输入菱形的高和底，计算其面积（公式：菱形面积=底×高）。

程序编写于下方

1.5.2 Python 语言入门

一、实训目的

1. 了解值与类型、运算符及不同类型的混合计算。
2. 掌握字符串的连接与倍增。
3. 掌握将数值转换成字符串。
4. 掌握 Python 模块的导入。
5. 能够利用 Python 编写简单的 Python 代码。

二、单元练习

（一）选择题

1. 下列选项中，不是 int 整型数据的是（　　）。
   A．160　　　　　B．010　　　　　C．-78　　　　　D．0x234
2. 下列选项中，不是实型数据的是（　　）。
   A．0.0　　　　　B．20.12　　　　C．20.1e+18　　　D．0x234
3. 下面不是 Python 合法变量名的是（　　）。
   A．int32　　　　B．40XL　　　　C．self　　　　　D．__name__
4. Python 不支持的数据类型有（　　）。
   A．char　　　　 B．int　　　　　 C．float　　　　 D．list
5. 1*50*2.54，结果为（　　）。
   A．整型　　　　 B．布尔型　　　　C．浮点型　　　　D．复数

（二）填空题

1. 若定义 a = 10，执行 print type(a)后，结果为_____。
2. 若定义 a = 10.0，执行 print type(a)后，结果为_____。
3. 三种基本的程序设计结构为_____、_____和_____。
4. 圆的面积公式 s = pi*r^2，写成 Python 语言表达式为_____。
5. 若定义 a = 97，执行 print('a'+'8'+'3')后，结果为_____。
6. 若定义 a = 97，执行 print(a+'8'+'3')后，结果为_____。
7. 若定义 a = 97，执行 print(str(a)+'8'+'3')后，结果为_____。
8. 若定义 a = 'D'，执行 print(a*10)后，结果为_____。

（三）名词解释

1. ASCII 编码：_____。
2. 程序调试：_____。

3．软件测试：_____。
4．导入模块：_____。

三、实训任务

任务 1:【PyCharm 中 Python 版本的切换】

请参考 1.2.13 节中的两种方法。

任务 2:【换数游戏】

编写一个换数游戏，要求将两个整数 a 和 b 进行交换，并将结果打印出来。

程序编写于下方

任务 3:【数字合并】

编写程序，将两个整数 a 和 b 合并成一个整数后放到 c 里面，并将结果打印出来。

程序编写于下方

任务 4:【随机数的倍增】

用随机数包产生一个 0~20 之间的随机数（包括小数），再产生一个 10~30 之间的随机整数作为前面随机数倍增的量。

程序编写于下方

四、拓展任务

任务 1:【数字合并提高】

编写程序，将两个两位数的整数 a 和 b 合并成一个整数后放到 c 里面，合并的方式为：将 a 数的十位和个位依次放到 c 数的个位和百位上，将 b 数的十位和个位依次放到 c 数的十位和千位上,并将 c 打印出来。

程序编写于下方

任务 2:【求除数】

导入数据库包 random,随机生成 3 个 1~20 之间的整数,并将这 3 个数相除后,以字符串格式输出。

程序编写于下方

任务 3:【代码版本切换】

用 Python 2 完成实训任务中的任务 2 和任务 3。

(1)编写一个换数游戏,要求将两个整数 a 和 b 进行交换,并将结果打印出来。

程序编写于下方

(2)编写程序,将两个整数 a 和 b 合并成一个整数后放到 c 里面,并将结果打印出来。

程序编写于下方

第 2 章 函 数

学习任务

本章将学习 Python 语言中函数的相关知识。通过本章的学习，读者应对 Python 语言中的函数有一个直观的认识，学会函数定义与调用的方法，掌握函数的形参、实参、返回值等知识，理解函数间参数传递的过程和本质，了解函数与变量的作用域和存储类型。同时读者通过实例训练，可进一步掌握 Python 的语法规则、书写规则、导入机制、格式化输入和常用运算的使用方法。

知识点

- 函数的定义与调用
- 函数的形参、实参、返回值
- return 语句
- 局部变量与全局变量
- 函数的作用域
- 模块
- 编程缩进格式
- 文档字符串
- 格式化输出
- 内置函数

2.1 案例

2.1.1 用函数的方法输出"Hello world!"

| 1 | # 函数定义 |

```
2    def Hello()
3        print ("Hello world!")
4
5    # 函数调用
6    Hello()
```

案例说明

- 第 2 行：用 def 关键字定义一个名为 Hello 的函数，该函数没有任何参数。
- 第 3 行：使用缩进的方法来规定函数体的范围，可以利用 Tab 键或 4 个空格进行缩进。上述缩进表明 print ("Hello world!")属于 Hello()的定义内容。
- 第 6 行：直接调用 Hello()就可以打印出"Hello world!"，代码如下：

Hello world!

2.1.2 用函数的方法定义正方形的面积

```
1    def calcSquare(x):
2        return x ** 2
3
4    # 调用 calcSquare()
5    a = float(input("输入正方形的边长："))
6    Area = calcSquare(a)
7    print("您输入的正方形边长为" + str(a) + "，正方形面积为："+str(Area))
```

案例说明

- 第 1 行：定义计算正方形面积的函数 calcSquare，形参 x 为正方形边长。
- 第 2 行：返回 x 的平方。此处，表达式 x**2 表示 x 的 2 次方。

Python 是"先定义再使用"的语言，因此函数的定义要写在前面，函数的调用要写在后面。也就是说，如果第 1、2 行函数定义代码放到第 6 行之后就会出错。

- 第 6 行：函数定义时允许传递多个参数。将边长 a 当作参数传入 calcSquare()，于是程序加载 calcSquare()并进入函数体运行，直至运行到 calcSquare()的 return 语句，返回运算结果，并利用赋值语句 Area =calcSquare(a)，将函数的结果赋值给 Area。

第 7 行：打印输出，并利用字符串连接的方式输出相应结果。此处也可以用格式化输出的方式，修改如下：

print("您输入的正方形边长为" + '{:d}'.format(a) + "，正方形面积为："+'{:d}'.format(Area))

format 的使用方法可参考 5.2.6 节字符串格式化（format 函数）中的相关内容。

提示：字符串格式化输出有两种方式：第 1 种是整数的输出，直接使用"%d"代替可输入十进制数字；第 2 种是浮点数输出，与整数的输出一样，使用"%f"替换，默认情况下，保留小数点后面 6 位有效数字。其他情况的输出，具体可参照 2.2.9 节格式化输出和 5.1.1 节游戏中的字符串格式化及优化中的相关内容。

函数的一个非常重要的作用就是使程序能够模块化，将完成一定功能的代码块放到一个函数中，用户不用关心函数实现的细节，只要知道函数的功能及传递的参数就可以为己所用。

在实际使用时可以将函数的定义放到另外的 py 文件中，做出类似工具包的形式，供其他程序调用。

2.1.3 用函数的方法定义猜数游戏

创建 Game.py，并输入如下代码，新建一个游戏函数包。

```
1   def GuessNumGame(m,n,times):
2       import random
3       secret = random.randint(m,n)
4       guess = 0
5       tries = 0
6       print ("请你猜一猜从"  +  str(m)  +"到"+ str(n)  +"，会是什么数字？")
7       print ("你只有" + str(times) + "次机会哦！")
8       while guess != secret and tries < times:
9           guess = eval (input("请输入你猜的数字："))
10          if guess == secret:
11              print("猜对了，恭喜你！！！！")
12              break
13          elif guess < secret:
14              print("太小了！！！！！")
15          else:
16              print("太大了！！！！！")
17          tries += 1
18      if tries >= times and guess != secret:
19          print("次数用完，很遗憾你没猜中！！！！！")
20          print(secret)
```

创建 testGame.py，调用 Game.py 中的 GuessNumGame 猜数函数。

```
1   from Game import *   # 引入 Game.py 中的所有函数
2   # 调用 GuessNumGame 猜数函数
3   x = eval(input("随机数的最小值："))
4   y = eval(input("随机数的最大值："))
5   z = eval(input("猜测次数："))
6   GuessNumGame(x,y,z)
```

案例说明

案例中包括两个文件：Game.py 和 testGame.py。testGame.py 程序将调用 Game.py 中的 GuessNumGame 猜数函数。

testGame.py 的第 1 行：from Game import * 表示从 Game.py 中引入所有函数，其中*代表所有函数。执行这行代码，Game.py 中的所有函数都可以被调用。需要注意的是，使用 from 引用文件模块时不要有文件名的后缀".py"，直接写文件名就可以了。当然，这里也可以不用*，直接指明要调用的函数名。例如，from Game import GuessNumGame。

Game.py 的第 1 行：定义三个参数 m、n、times，分别表示随机数的最小值、随机数的最大值、猜测次数。

Game.py 的第 6、7 行：提示用户猜测的数据范围和可以猜测的次数。str()将数字转换成字符串。

testGame.py 的第 6 行：表示直接调用 GuessNumGame()，并传递三个实参给它，用于完成一次游戏的全过程。

函数包的使用实现了代码的复用。例如，开发人员编写了很多游戏，并放置在函数包中，用户就可以根据需要调用相应的游戏函数了。

2.1.4 工作手册页：案例

学习记录：_____

关键知识点

1. 案例【用函数的方法输出"Hello World!"】。
2. 案例【用函数的方法定义正方形的面积】。
3. 案例【用函数的方法定义猜数游戏】。
4. 通过介绍案例的形式，使读者初步了解 Python 的函数含义，及其使用方法、作用等内容。

2.2 知识梳理

2.2.1 函数的定义与调用

函数是由一段可完成某个特定功能且能重复使用的代码组成的，从而达到模块化和提高代码重复利用率的目的。

函数通过接收输入参数,提供输出结果并存储在数据库文件中。Python 提供了很多内置函数,也可支持自己创建函数,即用户自定义函数。

函数的定义与调用如表 2-1 所示。

表 2-1 函数的定义与调用

函数的定义	示 例	函数的调用
def 函数名（参数列表）: 　　函数体	def sumOf(a, b): 　　return a + b	a = 1 b = 2 c = sumOf(a,b) print(str(c))

函数通过关键字 def 定义。def 后跟函数的标识符名称,然后跟一对圆括号,圆括号中可以放入 0 到多个参数,并用逗号隔开。在该行末尾一定要加上冒号。

函数体:由一组语句块组成。

通过先给函数的参数赋值,然后调用函数,就可以使用函数返回的数据了。

函数名:

(1) 函数名必须以下画线或字母开头,可以包含任意字母、数字或下画线的组合,不能使用任何标点符号,空格也不可以;

(2) 函数名是区分大小写的;

(3) 函数名不能用保留字。

函数形参和实参:定义函数时的参数名称为"形参",调用函数时传递的值为"实参"。形参存在于函数定义中时不占内存地址,而实参是在函数被调用时实际存在的参数,是占用内存地址的。

2.2.2 函数的参数

函数的参数分为以下 5 种类型。

1. 必需参数

必需参数指的是函数要求传入的参数,调用时必须以正确的顺序传入,并且调用时的数量必须和声明时的一致,否则会出现语法错误。

【例 2-1】带必需参数的函数 sayHello

```
1   def sayHello( name):
2       print ("Hello!" + name)
3       return
4
5   # 调用 sayHello 函数
6   sayHello ("DerisWeng")
7   sayHello()
```

调用 sayHello ("DerisWeng"),输出结果如下:

Hello! DerisWeng

调用 sayHello ()，就会出现语法错误：

TypeError: sayHello () missing 1 required positional argument: ' name '

2. 默认参数

默认参数指的是当函数中的参数设置了默认值，在调用函数时，如果没有给该参数传递任何值，则函数将会使用默认值。

默认参数格式如下：

```
def function(ARG=VALUE)
```

通过使用默认参数，可以使函数的一些参数成为"可选的"。

【例 2-2】带默认参数的函数 sayHello

```
1  def sayHello( name, times = 1):
2      print (("Hello! " + name)* times)
3      return
4
5  # 调用 sayHello 函数
6  sayHello ("DerisWeng")
7  sayHello("DerisWeng",3)
```

调用 sayHello ("DerisWeng")，输出结果如下：

Hello! DerisWeng

调用 sayHello("DerisWeng",3)，输出结果如下：

Hello! DerisWeng Hello! DerisWeng Hello! DerisWeng

提示：在声明函数形参时，先声明没有默认值的形参，再声明有默认值的形参，即默认值形参必须在非默认值形参之后。

下面的定义是不允许的：

```
def sayHello(times = 1, name):
    print (("Hello! " + name)* times)
    return
```

3. 关键字参数

关键字参数指的是如果某个函数有很多参数，就可以在调用时通过参数名来对参数进行赋值，这样就不必担心参数的顺序了，使函数变得更加简单，从而提高了程序的可读性。另外，如果其他参数都有默认值，则可以只给指定的那些参数赋值。

【例 2-3】使用关键字参数调用函数

```
1  def sayHello( name, times = 1):
2      print (("Hello! " + name)* times)
3      return
4
5  # 调用 sayHello 函数
6  sayHello (name = "DerisWeng")
7  sayHello(times = 4, name = "DerisWeng")
```

调用 sayHello (name="DerisWeng")，输出结果如下：

Hello! DerisWeng

调用 sayHello(times=4, name="DerisWeng")，输出结果如下：

Hello! DerisWeng Hello! DerisWeng Hello! DerisWeng Hello! DerisWeng

4. 不定长参数

不定长参数指的是函数的参数可以根据需要变化个数，加了星号（*）的变量名会存放所有未命名的变量参数。如果在函数调用时没有指定参数，那么它就是一个空元组。

【例2-4】带有不定长参数的函数 sayHello

```
1   def sayHello ( name, *vars ):
2       print ("你好: ")
3       print (name)
4       for var in vars:
5           print (var)
6       return
7   
8   # 调用 sayHello 函数
9   sayHello("DerisWeng")
10  sayHello("DerisWeng", "好好学习", "天天向上")
```

调用 sayHello("DerisWeng")，输出结果如下：

你好:
DerisWeng

调用 sayHello(times=4, name="DerisWeng")，输出结果如下：

你好:
DerisWeng
好好学习
天天向上

提示：关于函数的参数需要注意的是，Python 的函数在传递参数时，采用引用传递的方式，也就是说在传递函数时，函数将使用新的变量名来引用原始值。

例如：

```
def sum(a, b):
    return a + b
>>> x,y = 5,10
>>> sum(x,y)
```

由于是引用传递方式，所以下面的代码会存在问题：

```
def setX(x):
    x = 5
>>> m = 10
```

```
>>>setX(m)
>>>m
```

输出的结果为 10,而不是 5。

5. 匿名函数中的参数

匿名函数指不用 def 关键字对函数进行定义,而是直接使用 lambda 函数来创建函数。lambda 函数的主体是一个表达式,而不是一个代码块。lambda 函数拥有自己的命名空间,并且不能访问自己参数列表之外或全局命名空间里的参数。

lambda 函数的语法如下:

lambda [参数 1 [,参数 2,…, 参数 n]]:表达式

【例 2-5】利用 lambda 函数创建 sum 函数

1	sum = lambda a, b: a + b
2	
3	# 调用 sum 函数
4	print (sum(5, 10))

输出结果如下:

30

【例 2-6】利用 lambda 函数创建 sayHello 函数

1	sayHello= lambda name, times: print (("Hello! " + name)* times)
2	
3	# 调用 sum 函数
4	print (sayHello ('Derisweng', 2))

输出结果如下:

Hello! DerisWeng Hello! DerisWeng

2.2.3 return 语句

return 语句用来返回函数的结果或退出函数。不带参数值的 return 语句返回 None,带参数值的 return 语句返回的是参数值。

return 语句可以放在函数体的任何地方,通常放在函数的最后。函数并非一定要包含 return 语句。如果函数没有包含 return 语句,Python 就会认为该函数返回的是 None,即 return None。

【例 2-7】return 语句不为 None 的情况

1	def sum(a, b):
2	return a + b
3	
4	# 调用 sum 函数
5	total = sum(5,10)
6	print (total)

输出结果如下:

```
15
```

【例 2-8】return 语句为 None 的情况

```
1  def sayHello( name):
2      print ("Hello! " + name)
3      return    # 此处 return 可以不用写
```

2.2.4 局部变量与全局变量

1. 局部变量

局部变量是指在函数内部声明的变量,它们与函数外部(即便是具有相同的名称)的其他变量没有任何关系,变量名称对于函数来说是局部的,即变量的作用域只在函数的内部。

【例 2-9】函数内是局部变量

```
1  def sum(a, b):
2      total = a + b    # total 在这里是局部变量
3      print ("函数内是局部变量:", total)
4      return total
5
6  # 调用 sum 函数
7  sum(5, 10)
```

输出结果如下:

```
函数内是局部变量:15
```

2. 全局变量

在函数外部声明的变量称为全局变量,程序中的任何地方都可以读取它。如果需要在函数内部访问全局变量,一般要用到 global 关键字。

【例 2-10】利用 global 关键字实现函数内访问全局变量

```
1  def showName():
2      global name
3      print("你的姓名:" + name)
4      name = "Weng"
5
6  # 调用 showName 函数
7  name = "Deris"
8  showName ()
9  print("你现在的姓名:" + name)
```

输出结果如下:

```
你的姓名:Deris
你现在的姓名:Weng
```

【例 2-11】没有用 global 关键字，就无法从函数内部修改全局变量

1	name = "Deris"
2	def sayHello():
3	print ("hello " + name + "!")
4	def changeName(newName):
5	name = newName
6	
7	# 调用函数
8	sayHello ()
9	changeName ("Weng")
10	sayHello()

输出结果如下：

hello Deris!
hello Deris!

例中全局变量 name 的值没有发生改变，原因是 Python 认为 changeName 中的 name 仍然是局部变量，因此需要做如下修改才能实现想要的结果。

【例 2-12】用 global 关键字在函数内部修改全局变量

1	name = "Deris"
2	def sayHello():
3	print ("hello " + name + "!")
4	def changeName(newName):
5	global name
6	name = newName
7	
8	# 调用函数
9	sayHello ()
10	changeName ("Weng")
11	sayHello()

输出结果如下：

hello Deris!
hello Weng!

2.2.5 函数的作用域

Python 使用命名空间的概念存储对象，这个命名空间就是对象的作用域，不同对象存在于不同的作用域。一个变量的作用域是指该变量的有效范围，也就是说，该变量在程序中的哪些地方可以访问或可见。一个变量名可以定义在多个不同的命名空间里，相互无关，并且不会冲突，但是同一个命名空间中不能有两个相同的变量名。

不同对象的作用域规则如下。

（1）每个模块都有其全局作用域。
（2）函数定义的对象属于局部作用域，只在函数内有效，不会影响全局作用域中的对象。
（3）赋值对象属于局部作用域，除非使用 global 关键字进行声明。
（4）LEGB 规则的具体解释如下：
L——Local(function)，函数内的命名空间；
E——Enclosing(function locals)，外部嵌套函数的命名空间；
G——Global(module)，函数定义所在模块的命名空间；
B——Builtin(Python)，Python 内置模块的命名空间。

LEGB 规定了查找一个名称的顺序：Local→Enclosing→Global→Builtin。在查找一个变量时，先局部（Local），再外部嵌套（Enclosing），然后全局（Global），最后内置（Builtin）。如果仍然找不到这个变量名，则会引发 NameError 异常。

2.2.6 模块

我们已经介绍过 import 导入机制，即利用 import 导入已有的模块。下面将对模块做更加深入的介绍。

模块就是一个包含所有定义的函数和变量的文件，模块必须以.py 为后缀名。模块可以从其他程序中引入（import），引入后即可用模块中的函数和功能，从而起到代码复用的作用。

1. import

在 Python 程序中导入其他模块使用 import，导入的模块必须在 sys.path 所列的目录中，因为 sys.path 的第一个字符串是空串（""），即当前目录，所以程序中可导入当前目录的模块。

2. from…import

如果想直接使用其他模块的变量或函数，而不加"模块名+."前缀，则可以使用 from…import。例如，想直接使用 sys 的 argv，可以用 from sys import argv 或 from sys import *。

3. 模块的__name__

每个模块都有一个名称，py 文件对应的模块名默认为 py 文件名，也可以在 py 文件中为__name__赋值。如果是__name__，则说明这个模块可被用户单独运行。

4. dir()

Python 的内置函数 dir()非常有用。使用 dir()可以查看对象内所有的属性和方法，在 Python 中一切皆是对象，都有自己的属性和方法。

例如，使用 dir(sys)返回 sys 模块的名称列表时，如果不提供参数，即 dir()，则返回当前模块中的定义名称列表。

2.2.7 编程缩进格式

函数定义时需要利用缩进格式，这里的缩进是指在代码行开始部分的空格。代码行开始的前导空白用于确定语句的分组，同样缩进级别的语句属于同一语句块。

在代码行前面添加空格（4 个空格）或 Tab（不建议使用），可以使程序更有层次和结构感，从而使程序更易读。

在 Python 程序中，缩进不是任意的，平级的语句行（代码块）的缩进必须相同。

【例 2-13】格式缩进的错误案例

1	print('Hello,')
2	print('I am Python')　# 代码行开始部分留了一个空格

运行结果报错如下：

```
File "Test2-14.py", line 2
    print('I am Python')
    ^
IndentationError: unexpected indent
```

2.2.8　文档字符串

Python 用三个引号标识文档字符串的开始和结尾。

【例 2-14】使用三个引号作为函数的简要描述

1	import math
2	def area(radius)
3	"""
4	return the area of circle
5	"""
6	return math.pi * radius **2

优点：当我们在 IDLE 编辑器中调用 area 时，IDLE 会自动读取该函数的文档字符串，并且将其显示出来，用以提示。

或者，调用 print (area.__doc__)，也可以查看函数的文档字符串。

2.2.9　格式化输出

Python 支持将数据格式化成字符串进行输出，这个功能应用范围很广。常用的格式化功能如下。

基本格式：

Str.format(表达式)

其中，Str 为字符串表达式。

使用 Str.format()方法会返回一个新的字符串。在新的字符串中，原字符串的替换字段会被适当格式化后的参数替换，例如：

'我的名字叫 {0}，我今年{1} 岁了，我非常喜欢学习{2}。'.format('小红',28, 'Python')

输出结果如下：

我的名字叫小红，我今年 28 岁了，我非常喜欢学习 Python。

关于数据格式化的详细内容将会在第 5 章中做进一步说明。

2.2.10 内置函数

Python 提供了很多内置函数。

【例 2-15】用 Pow(x,y)计算 x 的 y 次方,等价于 x**y

| 1 | Print (Pow(2,3)) |
| 2 | Print (2**3) |

运行结果如下:

```
8
8
```

注意,在定义变量时,应避免用 Python 的内置函数名,否则会出现问题。

【例 2-16】用 Python 的内置函数名定义变量,结果报错

| 1 | dir = 10 |
| 2 | dir() |

运行结果报错如下:

```
Traceback (most recent call last):
File " Test2-16.py", line 2, in <module>
    dir()
TypeError: 'int' object is not callable
```

报错的原因是,由于第一个 dir 指向了一个数字 10,这就会导致程序无法访问 dir 原来所指向的函数。如果想恢复,则需要重新启动 Python。

2.2.11 工作手册页:知识要点

学习记录:_____

关键知识点

学习目标：对 Python 语言中的函数有一个直观的认识，能够学会先定义函数，再使用函数。进一步了解函数的相关知识，如形参、实参、返回值。同时通过实例的训练，进一步掌握了 Python 的语法规则、书写规则、导入机制、格式化输入和常用运算的使用。

知识要点：①函数的定义与调用；②函数的参数；③return 语句；④局部变量与全局变量；⑤函数的作用域；⑥模块；⑦编程缩进格式；⑧文档字符串；⑨格式化输出；⑩内置函数。

这部分主要讲解了函数的相关知识点，通过提问相关问题，引导读者进行思考与内化。

2.3 小结与习题

2.3.1 小结

在第 1 章三个案例的基础上，本章采用引入函数的方法进行实现。函数是组织好的、可以重复使用的、用来实现单一或相关联功能的代码段。函数可通过接收输入参数，提供输出结果，并将其存储在数据库文件中。Python 提供了很多内置函数，也支持自己创建函数，即用户自定义函数。函数参数包括必需参数、默认参数、关键字参数、不定长参数、匿名参数等。函数通过 return 语句来返回结果或退出函数。

通过本章的学习，读者将对 Python 语言中的函数有一个直观的认识，不但学会定义函数，还要学会使用函数，并通过实例的训练，掌握 Python 的语法规则、书写规则、导入机制、格式化输入和常用运算的使用方法。

2.3.2 习题

1．什么是函数？
2．什么是参数？
3．如何向函数传递一个参数？
4．如何向函数传递多个参数？
5．如何让函数向调用者返回一个值？
6．变量的作用域是什么？什么是局部变量？什么是全局变量？
7．如何在函数中使用全局变量？
8．使用哪个关键字来创建函数？
9．函数最多可以有多少个参数？
10．函数运行结束后，函数中的局部变量会发生什么变化？
11．建立一个函数，可以打印出任何人的姓名、出生年月、地址、所在国家。

2.4 课外拓展

1. **模块化设计**

模块化设计是指程序的编写不是开始就逐条录入计算机语句和指令,而是先用主程序、子程序、子过程等框架把软件的主要结构和流程描述出来,并定义和调试好各个框架之间的输入、输出链接关系,从而得到一系列以功能块为单位的算法描述。以功能块为单位进行程序设计,实现其求解算法的方法称为模块化。模块化的目的是降低程序的复杂度,使程序设计、调试和维护等操作简单化。

模块化设计是绿色设计方法之一,它已经从理念转变为较成熟的设计方法。将绿色设计思想与模块化设计方法结合起来,可以同时满足产品的功能属性和环境属性,一方面可以缩短产品研发与制造周期,增加产品系列,提高产品质量,快速应对市场变化;另一方面可以减轻或消除对环境的不利影响,方便重用、升级、维修和产品废弃后的拆卸、回收及处理。

2. **模块化设计的思想**

在设计较复杂的程序时,一般采用自顶向下的方法,将问题划分为几个部分,各个部分再进行细化,直到分解为能较好地解决问题为止。

利用函数不仅可以实现程序的模块化,使得程序设计更加简单和直观,从而提高程序的易读性和可维护性,还可以把程序中经常用到的一些计算或操作编写成通用函数,以供随时调用。

3. **模块化设计的原则**

把复杂的问题分解为单独的模块时,应遵循以下原则。

(1) 模块独立

力求以少量的模块组成尽可能多的产品,并在满足要求的基础上使产品的精度高、性能稳定、结构简单、成本低廉,模块间的联系尽可能简单。

(2) 模块的规模要适当

模块的规模不能太大,也不能太小。如果模块的功能太强,可读性就会变差;如果模块的功能太弱,就会有很多的接口。

(3) 分解模块时要注意层次

在进行多层次任务分解时,要注意对问题进行抽象化。在分解初期,可以只考虑大的模块;中期再逐步进行细化,最终分解成较小的模块进行设计。

(4) 模块的系列化

模块系列化的目的在于用有限的产品品种和规格来最大限度地满足用户的需求。

4. **模块化设计的步骤**

模块化设计可采用以下 5 个步骤:

(1) 分析问题,明确需要完成的任务;

(2) 对任务进行逐步分解和细化,分成的每个子任务只完成部分功能,并且可以通过函数来实现;

(3) 确定模块(函数)之间的调用关系;

(4) 优化模块之间的调用关系;

(5) 在主函数中进行调用,用于实现其功能。

5. 模块化设计的优点

模块化设计的基本思想是自顶向下、逐步分解、分而治之的，即将一个较大的程序按照功能分割成一些小模块，各模块相对独立、功能单一、结构清晰、接口简单。

模块化设计的其他优点如下：

（1）控制了程序设计的复杂性；

（2）提高了代码的重用性；

（3）易于维护和功能扩充；

（4）有利于团队开发。

（来源：百度百科）

> **素养勋章要点：**
> 1. 通过课外拓展的学习，简要描述模块化设计的思想与设计原则。
> 2. 简要列举，除了模块化设计思想，还有哪些设计理念？
> 3. 作为程序设计者，应具备哪些职业素养？

要点记录：_____

2.5 实训

函数

一、实训目的

1. 掌握函数的定义和调用。
2. 学会 Python 缩进格式的方法。
3. 掌握形参、实参、返回值、局部变量与全局变量等知识。

4．掌握 Python 的常用运算方法。

5．掌握 Python 的格式化输出方法。

二、单元练习

（一）选择题

1．关于使用函数的目的，以下说明不正确的是（　　）。
　　A．提高程序的执行效率　　　　B．减少程序文件所占用的内存
　　C．提高程序的可读性　　　　　D．提高程序的开发效率

2．Python 中缩进（　　）个空格。
　　A．1　　　　B．4　　　　C．6　　　　D．2

3．Q 为局部变量的是（　　）。
　　A．Return Q　　B．def fun(): Q = 1　　C．Q = 1　　D．print Q

4．关于函数名，下列说法正确的是（　　）。
　　A．函数名必须以下画线和数字作为开头
　　B．函数名可以包含任意字母、数字或下画线的组合
　　C．函数名能使用任何标点符号
　　D．函数名不区分大小写

（二）填空题

1．以下程序输出结果为 _____。

```
def fun(x, y):
    x = x + y
    y = x - y
    x = x - y
    print (x,y)

x = 2
y = 3
fun(x,y)
print(x,y)
```

2．以下程序输出结果为_____。

```
def fun2():
    a = 10
    b = 20

a = 3
b = 9
fun2()
print(a,b)
```

3．以下程序输出结果为_____。

```
def func(a, b=3, c=9):
    print ("a is %s, b is %s, c is %s" % (a, b, c))
```

```
func(1)
func(1, 5)
func(1, c = 10)
func(c = 20, a = 30)
```

（三）名词解释

1．值传递：_____。

2．地址传递：_____。

3．实参：_____。

4．形参：_____。

三、实训任务

任务 1：【求圆形的面积】

编写一个函数，输入圆形的半径，计算其面积。

程序编写于下方

任务 2：【编写一个函数包，计算正方形的面积】

输入正方形的边长，利用函数包计算正方形的面积，并打印出结果。

程序编写于下方

任务 3：【编写一个函数包，计算下面图形的面积】

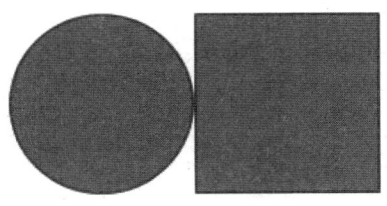

程序编写于下方

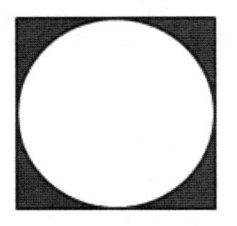

程序编写于下方

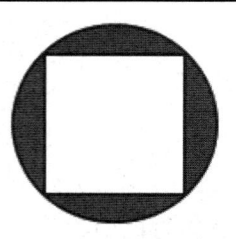

程序编写于下方

四、拓展任务

任务：【利用海伦公式求三角形面积】

编写一个程序，利用海伦公式求三角形面积。

海伦公式如下：

$$S = \sqrt{p(p-a)(p-b)(p-c)} \qquad p = \frac{a+b+c}{2}$$

程序编写于下方

第 3 章 分支与循环

学习任务

本章将学习 Python 语言中的程序流程控制方法，包括顺序、分支与循环三种基本流程。通过本章的学习，读者应熟悉顺序、分支与循环三种基本流程，能够利用 if 分支语句编写代码，掌握 while 循环语句和 for 循环语句的使用方法。同时通过实例训练能够熟练掌握 Python 的常用运算方法，并能够利用流程控制语句解决实际编程中的问题。

知识点

- 常用运算
- if 分支语句
- while 循环语句
- 嵌套和中止循环
- for 循环语句

3.1 案例

3.1.1 猜数游戏（一次猜数机会）

从本章开始，我们对猜数游戏进行逐步分解，先从设置一次猜数机会开始。

编写一个猜数游戏，要求随机输入一个 1～10 之间的数字，并提供 1 次猜数机会。

```
1  import random
2  secret = random.randint(1,10)
3  guess = 0
4  print("请你猜一猜从 1 到 10，会是哪个数字？")
5  print("你只有 1 次机会哦！")
```

6	guess = eval(input("请输入你猜的数字："))
7	**if** guess < secret:
8	**print** ("太小了！！！！！！！！！")
9	**elif** guess > secret:
10	**print** ("太大了！！！！！！！！！")
11	**else:**
12	**print**("恭喜你，猜对了！")
13	**print**("秘密数字为：" + **str**(secret))

案例说明

第1~2行：import 导入随机数据包 random，获取一个1~10之间的随机数。

第7行：利用一组 if…elif…else 语句判断猜测值与随机数的大小关系，从而给出相应的提示。

第13行：显示随机数的值。

注意 if…elif…else 语句的结构，可以通过缩进来判断语句块的归属。由于第12行与第13行之间的缩进不同，因此第13行已经跳出了 if…elif…else 语句结构。在 if、elif 和 else 语句后都有一个冒号（:），这是 Python 语言比较特殊的语法要求。

3.1.2　猜数游戏（多次猜数机会）版本一

3.1.1节中只提供了一次猜数机会，接下来我们对代码进行修改，提供多次猜数机会。

1	**import** random
2	secret = random.randint(1,10)
3	guess = 0
4	tries = 0
5	**print** ("请你猜一猜从 1 到 10，会是哪个数字？")
6	**print**("你只有 3 次机会哦！")
7	**while** tries <3:　# 提供3次猜数机会
8	guess = eval(input("请输入你猜的数字："))
9	tries = tries +1
10	**if** guess < secret:
11	**print** ("太小了！！！！！！！！！")
12	continue
13	**elif** guess > secret:
14	**print** ("太大了！！！！！！！！！")
15	continue
16	**else:**
17	**print**("恭喜你，猜对了！")
18	break
19	
20	**if** guess != secret:
21	**print**("很可惜，你猜错了！")
22	**print**("正确的数字为：" + **str**(secret))

案例说明

本案例通过循环语句来实现多次猜数的功能。

第 4 行：通过定义 tries 变量来记录用户尝试的次数。每执行一次 while 循环，tries 次数都要加 1，否则 while 会进入死循环。

第 7 行：利用 while 循环语句，控制循环的次数为 3。while 子句的最后要有一个冒号（:）。

第 8~18 行是 while 循环语句块，缩进格式表明语句块都属于该 while 循环体。

第 20 行：缩进格式变化，表示从该行开始不属于 while 循环体。

第 12 行、第 15 行都加入了一个 "continue" 语句，该语句的作用是结束本次循环，进入下一次循环。程序可以不用再执行本次循环的其他后续内容，从而提高程序运行的效率。但是此处使用 "continue" 语句的意义不大，想想是为什么？

本案例的目标是用户可以有最多 3 次输入机会，如果猜对了，程序在第 18 行会给出一个 "退出循环" 的动作，即 break 语句。利用 break 语句就会中止 while 循环，从而跳出循环。

3.1.3 猜数游戏（多次猜数机会）版本二

3.1.2 节中用 while 循环语句实现了多次猜数的功能，本案例将用 for 循环语句实现相同的功能。

```
1   import random
2   secret = random.randint(1,10)
3   guess = 0
4   print ("请你猜一猜从 1 到 10，会是哪个数字？")
5   print("你只有 3 次机会哦！")
6   for i in range(3):    # 提供 3 次猜数机会
7       guess = eval(input("请输入你猜的数字："))
8       if guess < secret:
9           print ("太小了！！！！！！！！！！ ")
10          continue
11      elif guess > secret:
12          print ("太大了！！！！！！！！！！ ")
13          continue
14      else:
15          print("恭喜你，猜对了！")
16          break
17  
18  if guess <> secret:
19      print("很可惜，你猜错了！")
20  print("正确的数字为："+str(secret))
```

案例说明

第 6 行：利用函数 range(3)生成一个 0~2 的数字列表。由于 for 循环语句对 range(3)生成的列表进行了遍历，因此该循环将执行 3 次。

整个案例已不再需要 tries 来记录用户尝试过的次数。for 循环语句在执行过程中，将自动对循环的次数进行控制。

练一练：使用刚学过的方法完成下面练习。

1. 编写一个猜数游戏，要求随机输入一个 0～10 之间的数字，并提供 1 次猜数机会。
2. 编写一个猜数游戏，要求随机输入一个 -10～10 之间的数字，并提供 5 次猜数机会。

备注：两种循环方式都要试一试哦！

3.1.4　工作手册页：案例

学习记录：_____

_____
_____
_____
_____
_____
_____
_____
_____
_____
_____

关键知识点

1. 介绍案例【猜数游戏（1 次猜数机会）】的内容。
2. 完成任务【猜数游戏 1 次】：编写一个猜数游戏，要求随机输入一个 0～10 之间的数字，并提供 1 次猜数机会。
3. 通过案例的讲解，使读者对分支语句的相关应用有个初步理解。

3.2　知识梳理

3.2.1　常用运算符

在 Python 程序中经常会遇到各类运算符的使用，Python 语言支持的运算符种类很多，包括算术运算符、关系运算符、逻辑运算符、赋值运算符、位运算符、成员运算符、身份运算符等。

1. 算术运算符

Python 中的算术运算符如表 3-1 所示。

表 3-1 Python 中的算术运算符

运 算 符	描 述
+	两个数相加
-	得到负数或是两个数相减
*	两个数相乘或是返回一个被重复若干次的字符串
/	两个数相除
%	取模，返回除法的余数
**	幂，如 x**y，返回 x 的 y 次幂
//	取整除，返回商的整数部分

【例 3-1】算术运算符

```
1   x, y = 35, 10
2   s = 0
3
4   print("x = {0}, y = {1}".format(x,y))
5   s = x + y
6   print("s = x + y, s=", s)
7
8   s = x - y
9   print("s = x - y,s=", s)
10
11  s = x * y
12  print("s = x * y, s=", s)
13
14  s = x / y
15  print("s = x / y, s=", s)
16
17  s = x % y
18  print("s = x % y, s=", s)
19
20  a, b = 3, 4
21  print("a = {0}, b = {1}".format(a,b))
22  c = a ** b
23  print("c = a**b, c=", c)
24
25  a, b = 26, 7
26  c = a // b
27  print("c = a//b, c=", c)
28
```

以上实例输出结果如下：

```
x = 35, y = 10
s = x + y, s= 45
s = x - y, s= 25
s = x * y, s= 350
s = x / y, s= 3.5
s = x % y, s= 5
a = 3, b = 4
c = a**b, c= 81
c = a//b, c= 3
```

2. 关系运算符

Python 中关系运算的返回结果都是布尔值：True（真）或 False（假）。Python 中的关系运算符如表 3-2 所示。

表 3-2 Python 中的关系运算符

运 算 符	描　　述
==	等于
!=	不等于
>	大于
<	小于
>=	大于或等于
<=	小于或等于

提示：a!=b 支持 Python 2 和 Python 3；a<>b 支持 Python 2，但不支持 Python 3。

【例 3-2】关系运算符

```
1  x, y = 35, 10
2  print("x = {0}, y = {1}".format(x, y))
3
4  print("x == y, 关系运算结果为：", x == y)
5  print("x != y, 关系运算结果为：", x != y)
6  print("x > y, 关系运算结果为：", x > y)
7  print("x < y, 关系运算结果为：", x < y)
8  print("x >= y, 关系运算结果为：", x >= y)
9  print("x <= y, 关系运算结果为：", x <= y)
```

以上实例输出结果如下：

```
x = 35, y = 10
x == y, 关系运算结果为：   False
x != y, 关系运算结果为：   True
x > y, 关系运算结果为：    True
x < y, 关系运算结果为：    False
x >= y, 关系运算结果为：   True
x <= y, 关系运算结果为：   False
```

3. 逻辑运算符

Python 中逻辑运算返回的结果比较特别，但是可以放在条件语句中作为布尔判断，非零则为 True（真），否则为 False（假）。Python 中的逻辑运算符如表 3-3 所示。

表 3-3　Python 中的逻辑运算符

运算符	逻辑表达式	描述
and	x and y	布尔"与"
or	x or y	布尔"或"
not	not x	布尔"非"

【例 3-3】逻辑运算符

1	x, y = 35, 10
2	print("x = {0}, y = {1}".format(x,y))
3	
4	print("x and y, 逻辑运算结果为： ", x and y)
5	print("x or y, 逻辑运算结果为： ", x or y)
6	print(" not x, 逻辑运算结果为： ", not x)

以上实例输出结果如下：

```
x = 35, y = 10
x and y, 逻辑运算结果为：  10
x or y, 逻辑运算结果为：  35
not x, 逻辑运算结果为：  False
```

想一想：执行下面的布尔表达式，其运行结果是什么？

（1）带括号的布尔表达式：
>>> not (True and True)
>>> not (True and (False or True))
>>> not (True or (False or True))

（2）不带括号的布尔表达式：
>>> not True and False or True
>>> True or False or True or False
>>> False and not False or True
>>> False and False or True

4. 赋值运算符

Python 中的赋值运算符如表 3-4 所示。

表 3-4　Python 中的赋值运算符

运算符	描述	实例
=	简单的赋值运算符	x = y，将 y 赋值给 x
+=	加法赋值运算符	x += y，等效于 x = x + y
-=	减法赋值运算符	x -= y，等效于 x = x - y
*=	乘法赋值运算符	x *= y，等效于 x = x * y
/=	除法赋值运算符	x /= y，等效于 x = x / y

续表

运 算 符	描 述	实 例
%=	取模赋值运算符	x %= y，等效于 x = x % y
**=	幂赋值运算符	x **= y，等效于 x = x ** y
//=	取整除赋值运算符	x //= y，等效于 x = x // y

【例 3-4】赋值运算符

```
1   x, y = 10, 2
2   print("x = {0}, y = {1}".format(x, y))
3   x = y
4   print("x = y,    x=", x)
5   x, y = 10, 2
6   x += y
7   print("x += y, x=", x)
8   x, y = 10, 2
9   x -= y
10  print("x -= y, x=", x)
11  x, y = 10, 2
12  x *= y
13  print("x *= y, x=", x)
14  x, y = 10, 2
15  x /= y
16  print("x /= y, x=", x)
17  x, y = 10, 2
18  x %= y
19  print("x %= y, x=", x)
20  x, y = 10, 2
21  x **= y
22  print("x **= y, x=", x)
23  x, y = 10, 2
24  x //= y
25  print("x //= y, x=", x)
```

以上实例输出结果如下：

```
x = 10, y = 2
x = y,    x= 2
x += y, x= 12
x -= y, x= 8
x *= y, x= 20
x /= y, x= 5.0
x %= y, x= 0
x **= y, x= 100
x //= y, x= 5
```

5. 位运算符

位运算符是把数字看作二进制来进行计算的。Python 中的位运算符如表 3-5 所示。

表 3-5 Python 中的位运算符

运 算 符	描 述
&	按位与运算符：参与运算的两个值，如果两个相应位都为 1，则该位的结果为 1，否则为 0
|	按位或运算符：只要对应的两个二进制位有一个为 1，结果位就为 1
^	按位异或运算符：当两个对应的二进制位相异时，结果为 1
~	按位取反运算符：对数据的每个二进制位取反，即把 1 变为 0，把 0 变为 1
<<	左移动运算符：运算数的各二进制位全部左移若干位，由 "<<" 右边的数指定移动的位数，高位丢弃，低位补 0
>>	右移动运算符：把 ">>" 左边的运算数的各二进制位全部右移若干位，由 ">>" 右边的数指定移动的位数

【例 3-5】位运算符

```
1   a = 9    # 9 = 0000 1001
2   b = 3    # 3 = 0000 0011
3   c = 0
4   c = a & b   # 1 = 0000 0001
5   print("a & b =", c)
6
7   c = a | b   # 11 = 0000 1011
8   print("a | b=", c)
9
10  c = a ^ b   # 10 =0000 1010
11  print("a ^ b=", c)
12
13  c = ~a      # -10 = 1111 0110
14  print("~a;=", c)
15
16  c = a << 2  # 36 = 0010 0100
17  print("a << 2=", c)
18
19  c = a >> 2  # 2 = 0000 0010
20  print("a >> 2=", c)
```

以上实例输出结果如下：

```
a & b= 1
a | b= 11
a ^ b= 10
~a;= -10
a << 2= 36
a >> 2= 2
```

6. 成员运算符

除了以上的一些运算符，Python 还支持成员运算符，如表 3-6 所示。测试实例中包含了一系列的成员，如字符串、列表和元组。

表 3-6　Python 中的成员运算符

运 算 符	描　　述
in	如果在指定的序列中找到值，则返回 True，否则返回 False
not in	如果在指定的序列中没有找到值，则返回 True，否则返回 False

【例 3-6】成员运算符

1	a = 6
2	clist = [1, 2, 3, 4, 5]
3	print(a in clist)
4	print(a not in clist)

以上实例输出结果如下：

```
False
True
```

7. 身份运算符

身份运算符用于比较两个对象的存储单元。Python 中的身份运算符如表 3-7 所示。

表 3-7　Python 中的身份运算符

运 算 符	描　　述
is	判断两个标识符是不是引用自同一个对象
is not	判断两个标识符是不是引用自不同对象

【例 3-7】身份运算符

1	a, b = 6, 10	
2	print(a is b)	
3	print(a is not b)	
4	print(id(a) == id(b))	# id 方法的返回值就是对象的内存地址
5		
6	b = 6	
7	print(id(a) == id(b))	# id 方法的返回值就是对象的内存地址

其中 id()用于获取对象的内存地址。

以上实例输出结果如下：

```
False
True
False
True
```

is 用于判断两个变量的引用对象是否为同一个，==用于判断引用变量的值是否相等。

【例 3-8】 is 与 == 的区别

```
1   a = [1, 2, 3, 4]
2   b = a
3   print(a is b)
4   print(a == b)
5   print(id(a) == id(b))        # id 方法的返回值就是对象的内存地址
6
7   b = a[:]                     # 利用切片进行浅复制
8   print(a is b)
9   print(a == b)
10  print(id(a) == id(b))        # id 方法的返回值就是对象的内存地址
```

以上实例输出结果如下：

```
True
True
True
False
True
False
```

8. 运算符优先级

以下按从高到低的顺序列出了运算符的优先级，如表 3-8 所示。

表 3-8 运算符的优先级（从高到低）

运 算 符	描 述
**	指数
~、+、-	按位翻转，一元加号和减号
*、/、%、//	乘、除、取模和取整除
+、-	加法、减法
>>、<<	右移运算符、左移运算符
&	位与运算符
^、|	异或运算符、位或运算符
<=、<、>、>=	比较运算符
<>、==、!=	等于运算符
=、%=、/=、//=、-=、+=、*=、**=	赋值运算符
is、is not	身份运算符
in、not in	成员运算符
and、or、not	逻辑运算符

另外，可以使用括号()来处理优先级，括号内的数据优先处理，括号可以嵌套使用。

3.2.2 if 语句

Python 的条件语句是通过一条或多条语句的执行结果（True 或 False）来决定执行的代码

块。条件分支可以采用 if 语句,具体的语法有如下 4 种形式。

1. 简单 if 语句

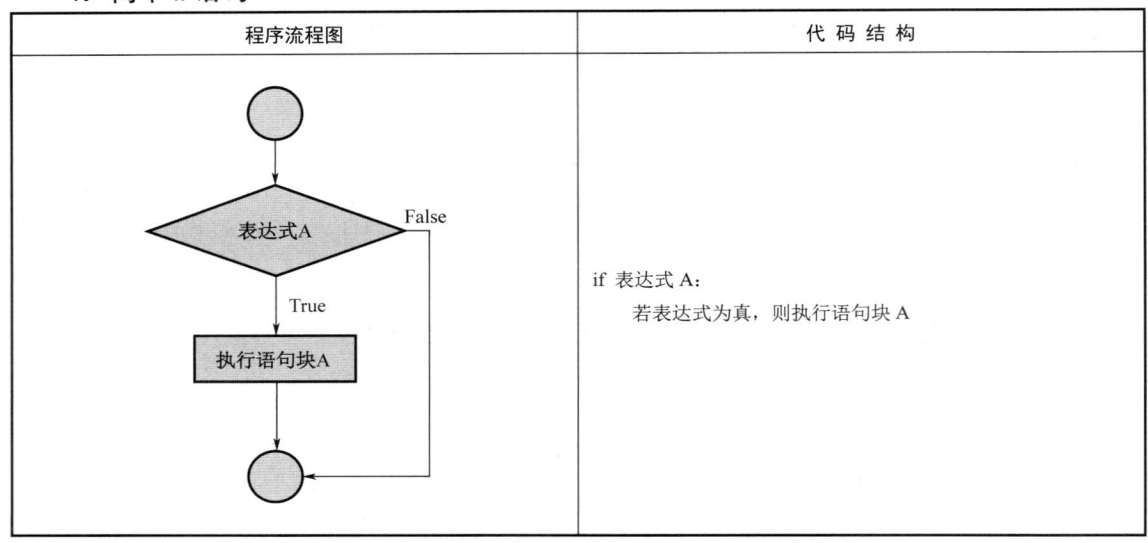

程序流程图	代 码 结 构
	if 表达式 A: 　　若表达式为真,则执行语句块 A

说明:

表达式 A 用来确定程序的流程。若表达式 A 为真,即表达式 A 的计算结果为"非 0"或是布尔量"True",则执行语句块 A。

每个条件后面都要使用冒号(:),表示接下来是满足条件后要执行的语句块。

使用缩进来划分语句块,相同缩进数的语句在一起组成一个语句块。

【例 3-9】从键盘输入一个大写字母,并对输入内容进行转化,最终以小写字母输出

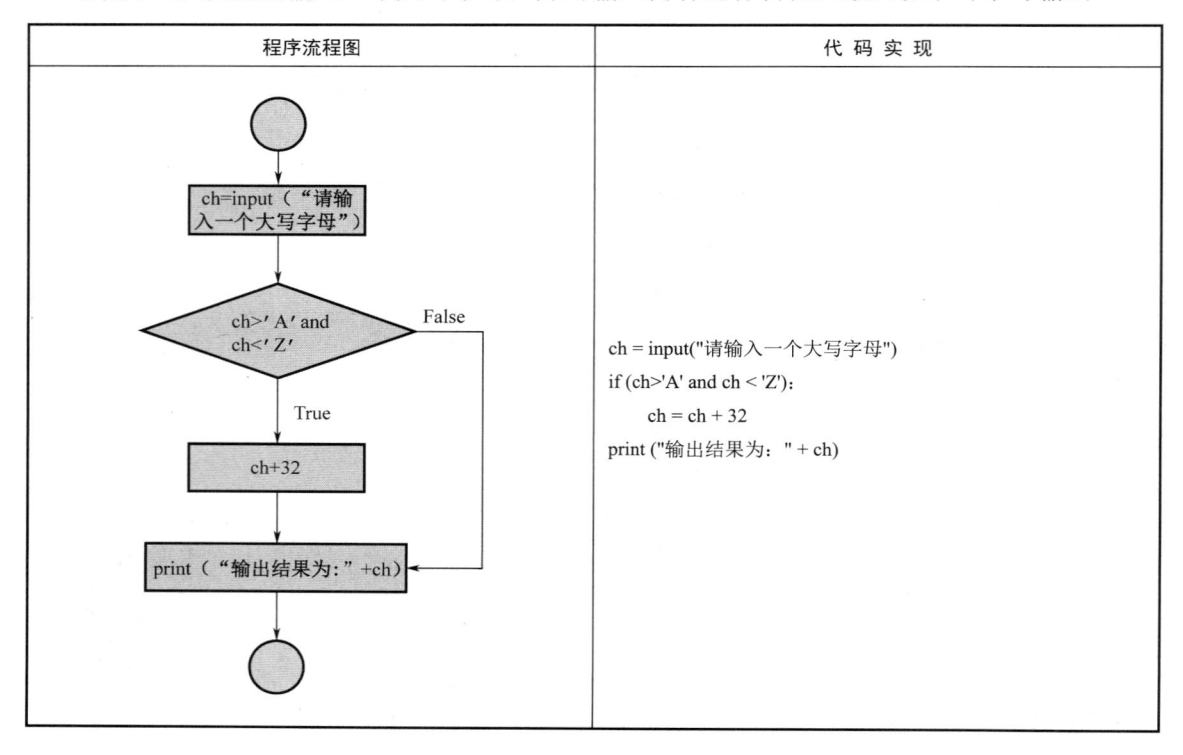

程序流程图	代 码 实 现
	ch = input("请输入一个大写字母") if (ch>'A' and ch < 'Z'): 　　ch = ch + 32 print ("输出结果为:" + ch)

2. If…else 语句

If…else 语句表达的含义是：如果……否则。

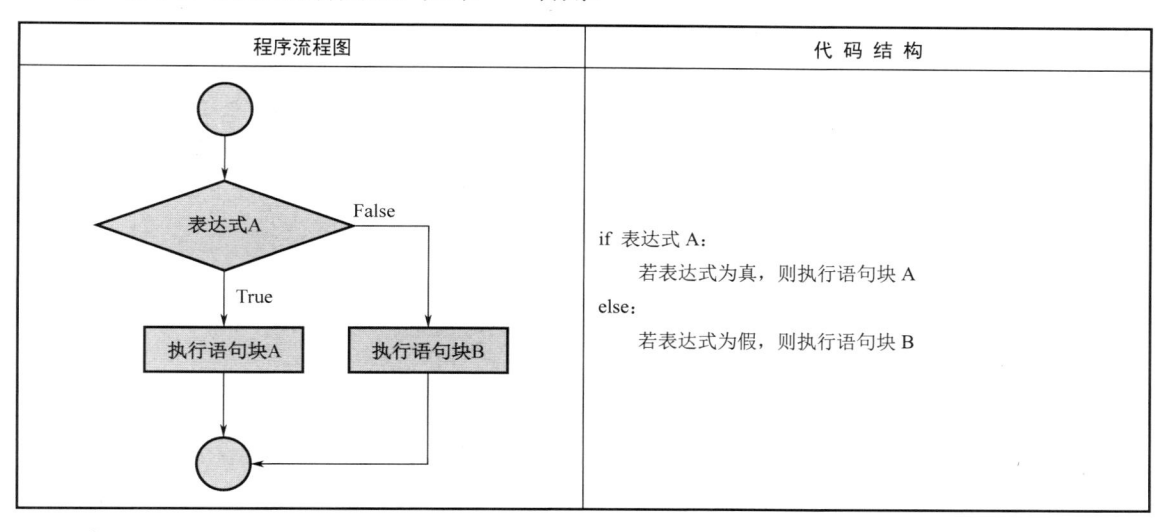

程序流程图	代 码 结 构

	if 表达式 A:
	　　若表达式为真，则执行语句块 A
	else:
	　　若表达式为假，则执行语句块 B

说明：

在 if…else 语句结构中，若表达式 A 为真，则执行语句块 A；否则执行语句块 B。

其中 else 代码块是可选的，可以根据具体情况决定是否包含它。

Python 的一个与众不同的地方，就是使用缩进来标识代码块。在 Python 中多一个或少一个空格都可能导致错误，因此，要求在同一个代码块中，所有语句的缩进量必须相同。

【例 3-10】输入一个正整数，判断该数是奇数还是偶数

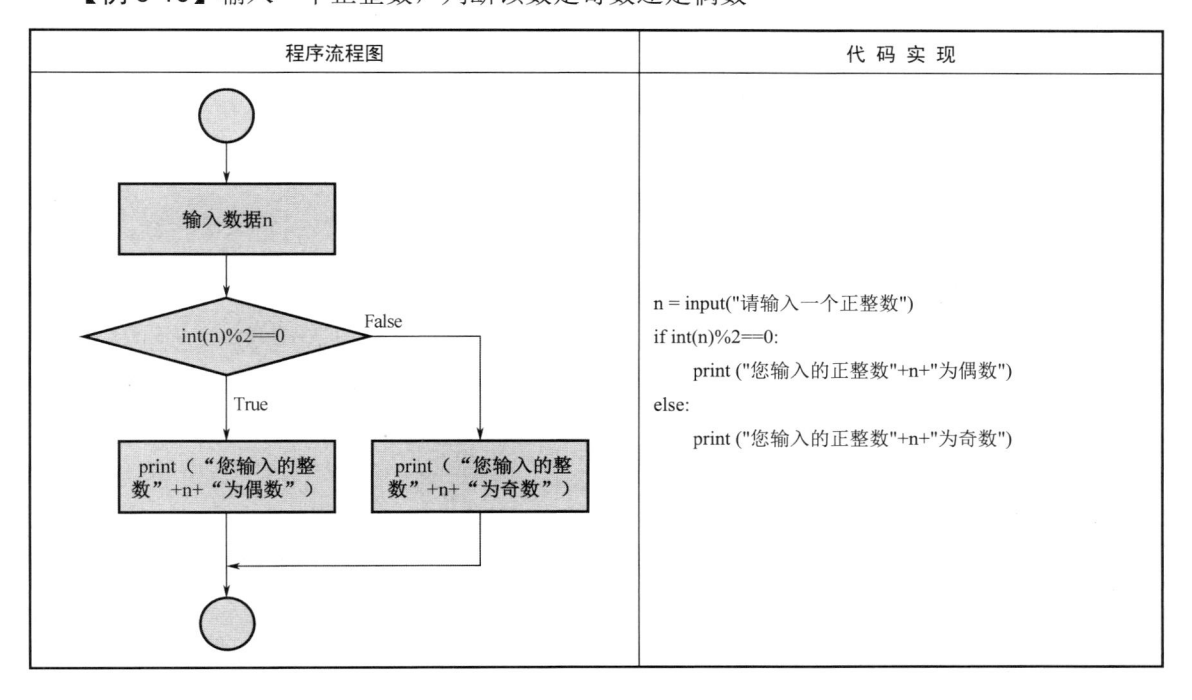

程序流程图	代 码 实 现

	n = input("请输入一个正整数")
	if int(n)%2==0:
	　　print ("您输入的正整数"+n+"为偶数")
	else:
	　　print ("您输入的正整数"+n+"为奇数")

3. if…elif…else 语句

该语句结构用来进行多重分支的选择。

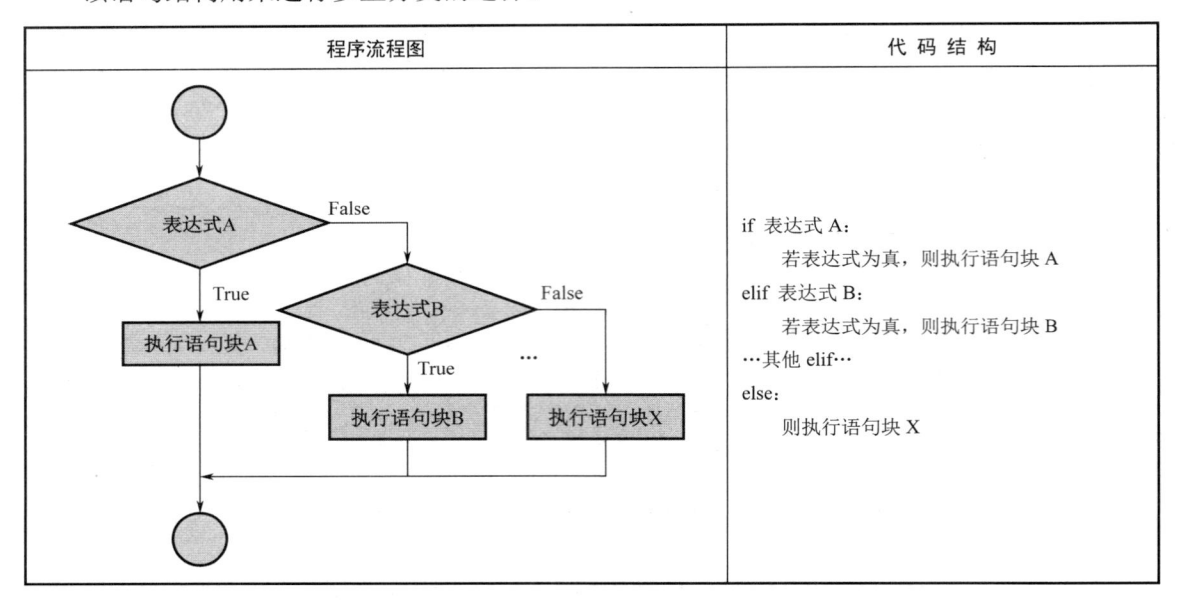

程序流程图	代 码 结 构
（流程图：表达式A为True则执行语句块A，False则判断表达式B，True执行语句块B，False继续…，最终执行语句块X）	if 表达式 A： 　　若表达式为真，则执行语句块 A elif 表达式 B： 　　若表达式为真，则执行语句块 B …其他 elif… else： 　　则执行语句块 X

在 if…elif…else 语句结构中，若表达式 A 为真，则执行语句块 A；
若表达式 A 为 "0" 或 "False"，则进入下一个分支，计算表达式 B；
若 B 为 "非 0" 或 "True"，则执行语句块 B；
若所有条件都不满足，则执行语句块 X。

【例 3-11】英语成绩判断

1	grade = int(input("请输入你的英语成绩: "))
2	if grade < 0 or grade >100:
3	print("输入错误!")
4	elif grade >= 90 :
5	print("你的成绩为优秀！")
6	elif grade >= 80 :
7	print("你的成绩为良好！")
8	elif grade >= 70 :
9	print("你的成绩为中等！")
10	elif grade >= 60 :
11	print("你的成绩为及格！")
12	else:
13	print("你的成绩为不及格！")

以上实例输出结果如下：

请输入你的英语成绩: 85
你的成绩为良好！

4. if 语句的嵌套

可以根据实际程序的要求，把 if…elif…else 结构放在另一个 if…elif…else 结构中，即 Python

支持 if 语句的嵌套。

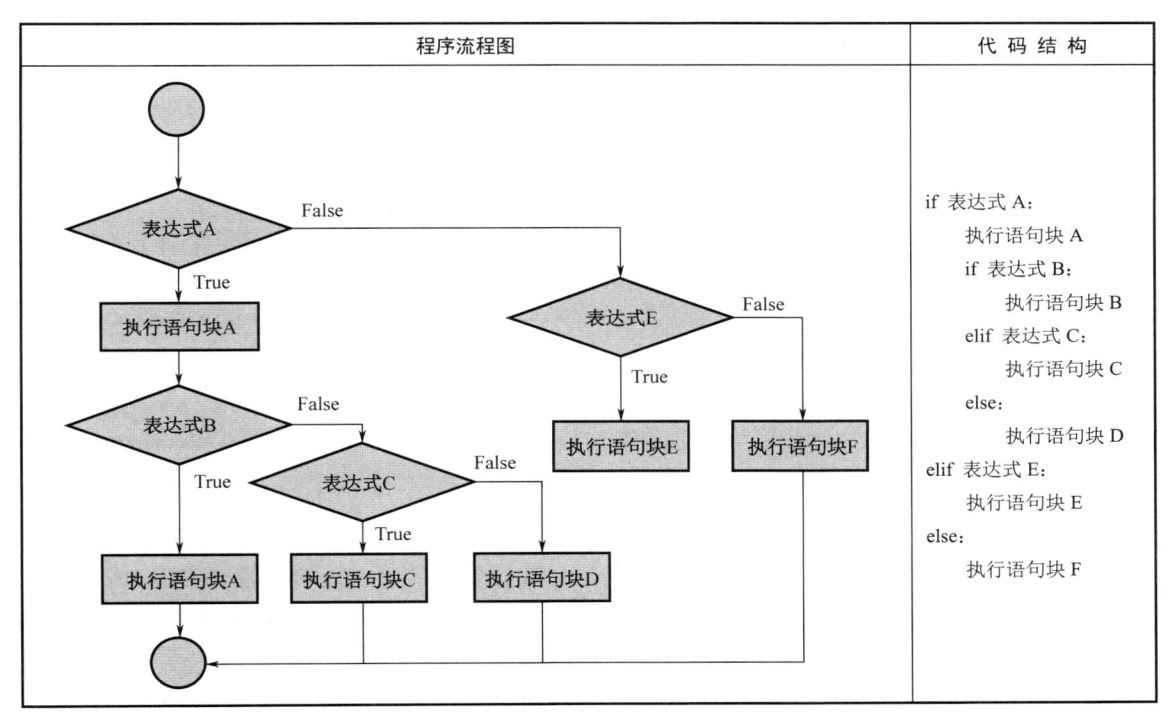

程序流程图	代 码 结 构

	if 表达式 A:
	　　执行语句块 A
	　　if 表达式 B:
	　　　　执行语句块 B
	　　elif 表达式 C:
	　　　　执行语句块 C
	　　else:
	　　　　执行语句块 D
	elif 表达式 E:
	　　执行语句块 E
	else:
	　　执行语句块 F

【例 3-12】输入一个数，判断它是否能被 2 和 3 整除

```
1    num=int(input("输入一个数字："))
2    if num%2==0:
3        if num%3==0:
4            print ("你输入的数字可以被 2 和 3 整除")
5        else:
6            print ("你输入的数字可以被 2 整除，但不能被 3 整除")
7    else:
8        if num%3==0:
9            print ("你输入的数字可以被 3 整除，但不能被 2 整除")
10       else:
11           print  ("你输入的数字不能被 2 和 3 整除")
```

以上实例输出结果如下：

输入一个数字：12
你输入的数字可以被 2 和 3 整除

提示：if/elif 语句是 if 语句的扩充形式，它包含多个条件，用于复杂的条件判断。可以根据需要使用任意多个 elif 语句块。

3.2.3　while 循环

while 循环的基本格式如下：

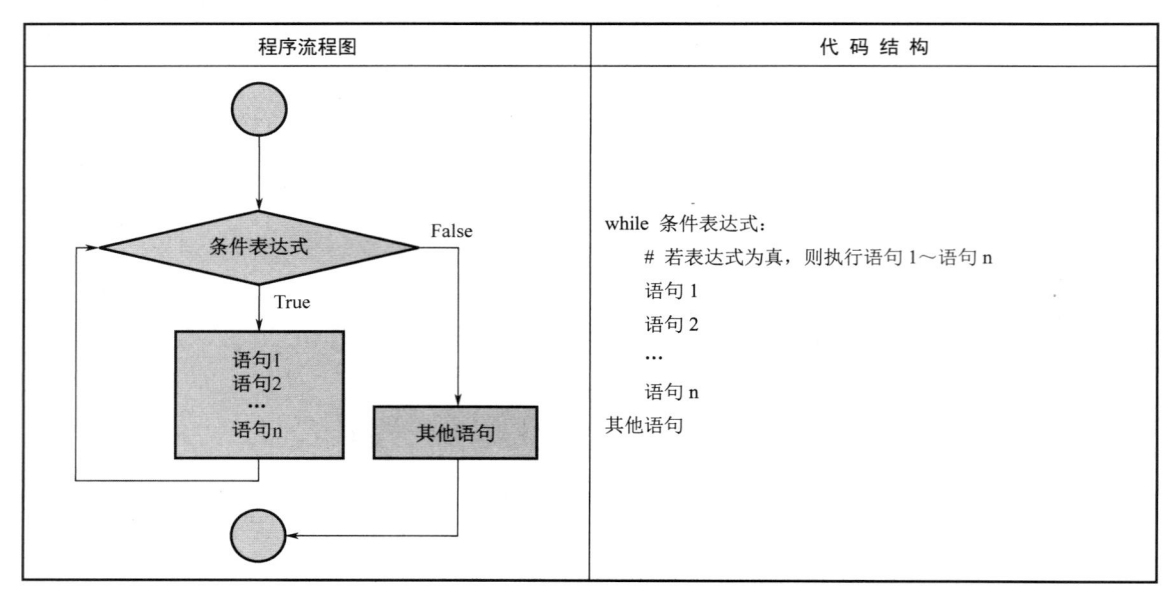

程序流程图	代码结构
(流程图：条件表达式判断，True执行语句1~语句n循环，False转其他语句)	while 条件表达式： 　　# 若表达式为真，则执行语句1～语句n 　　语句 1 　　语句 2 　　… 　　语句 n 其他语句

在 while 循环语句中：

- 若条件表达式为真，即条件表达式计算结果为"非 0"或是布尔量"True",则执行语句块（1～n）。
- 计算条件表达式并根据计算的结果，决定是否再次执行语句块（1～n）。
- 如此往复循环，直至计算条件表达式的值为"0"或是布尔量"False"。
- 使用格式上要注意条件表达式后面的冒号":"和语句块（1～n）的缩进格式。
- 若循环体执行过程中出现 break 语句则循环中止；若循环是嵌套的，那么 break 只中止所在层的循环。
- 在 Python 中没有 do…while 循环。

下面的代码段分别演示了循环的 5 种使用方式。

1. 确定循环次数，利用循环变量的方式

【例 3-13】计算 1 到 100 的总和

```
1    sum = 0
2    i = 1
3    while i <= 100:
4        sum = sum + i
5        i += 1
6    print("1 到 100 之和为：%d" % (sum))
```

以上实例输出结果如下：

1 到 100 之和为：5050

2. 循环次数不定，直至表达式为"0"或"False"

【例 3-14】根据输入的数字，求出它的所有因子

```
1    j = 2
2    i = eval(input("请输入一个整数："))
```

3	answer = "它的所有因子为："
4	while i > j:
5	if i % j == 0:
6	answer += str(j) + ","
7	j += 1
8	print(outStr)

以上实例输出结果如下：

```
请输入一个整数：12
它的所有因子为：2,3,4,6,
```

这个小程序输入变量 i 的值以后，可求出 i 的所有因子，其特点是循环开始时并不知道循环的次数，一切由条件决定。

【例 3-15】用 while 语句在屏幕中打印出数字 0～9

1	i = 0
2	while i <10:
3	print (i)
4	i = i + 1 # i 的值不断递增，从而确保循环能够结束

3. 通过设置条件表达式永远不为"False"来实现无限循环

【例 3-16】无限循环

1	while 1 == 1 : # 表达式永远成立
2	num = int(input("输入一个数字："))
3	print ("你输入的数字是：", num)
4	print ("再见!")

可以单击 PyCharm 中的停止按钮来退出当前的无限循环。无限循环在服务器上客户端的实时请求中比较常用，但是在平时的程序编写中一定要慎重使用。

4. while 循环使用 else 语句

在 while…else 结构中，当条件语句为 False 时，可执行 else 的语句块。

【例 3-17】while…else 条件语句

1	count = 0
2	while count < 5:
3	print (count, " 小于 5")
4	count = count + 1
5	else:
6	print (count, " 大于或等于 5")

以上实例输出结果如下：

```
0 小于 5
1 小于 5
2 小于 5
```

3　小于 5
4　小于 5
5　大于或等于 5

5. 简单语句组

如果 while 循环体中只有一条语句，就可以将该语句与 while 写在同一行中。

【例 3-18】简单语句组

```
while 1==1: print ('Hello Derisweng!')
```

结果将打印出无数遍的"Hello Derisweng!"。

3.2.4　嵌套和中止循环

循环可以嵌套，并可利用 break 中止循环的流程。

【例 3-19】求 20 以内的所有质数（素数）

```
1    i = 2
2    while i < 21:               # 表示求质数的范围是 2～21
3        j = 2                   # 对于每个 i 因子，都从 2 开始计算
4        while j < i / 2:        # 如果在 2～i/2 的范围内有将 i 整除的数，则 i 不是质数
5            if i % j ==0:
6                break           # 若已经整除就没有必要测试其他因子了，可中止循环
7            j += 1
8        if j >= i / 2:
9    # 如果关于 j 的循环都已经进行完毕，则说明在 2～i/2 的范围内无因子，i 是质数
10           print(i ,'是质数')
11       i +=1
```

以上实例输出结果如下：

2　是质数
3　是质数
4　是质数
5　是质数
7　是质数
11　是质数
13　是质数
17　是质数
19　是质数

> 📚 **记一记**：
>
> 需要注意的是这两句程序:
>
> if j >= i/2:
> 　　print (i ,'是质数')

> 它们是对循环"while j<i/2:"中条件的再次利用,若循环正常执行完了,则 j 的值必然大于或等于 i/2;如果在"while j<i/2:"循环过程中执行了"break",那么 j 的值将小于 i/2。

3.2.5 for 循环

在访问列表的过程中使用了一种新的循环语句 for,在 Python 中 for 语句经常用来遍历一个集合中的所有元素,请看以下两种形式。

1. for 语句

for rec in My_list
    循环体 LB

My_list 是一个列表,按元素索引顺序将元素依次赋值给 rec,如果 My_list 列表中有 N 个元素,则 for 的循环体 LB 也将执行 N 次,同时,可以利用 rec 在循环体中遍历 My_list。

2. range()

for i in range(N)
    循环体 LB

这种形式的循环是一个变体,因为 range(N)的意义在于生成一个 0~N-1 的数字列表。也可以通过指定 range()的范围生成数字列表,如下所示。

for i in range(N, M)的范围是从 N 到 M-1,其中 i 的取值范围是[N,M-1]。

range(a, b, c)的含义是从 a 开始,步长为 c,结束值小于 b。

【例 3-20】用 for 语句在屏幕中打印出数字 0~9

| 1 | for i in range(10): | # 默认情况下,初始值为 0 |
| 2 | print (i) | |

【例 3-21】在屏幕中,默认值从 1 开始的打印方法如下

| 1 | for i in range(1,10): | # 从 1 开始,打印到 9 |
| 2 | print (i) | |

【例 3-22】在屏幕中打印出数字 1~10,方法如下

| 1 | for i in range(1,11): | # 从 1 开始,打印到 10 |
| 2 | print (i) | |

或者

| 1 | for i in range(10): | |
| 2 | print (i+1) | # 在循环体内给 i 加 1 |

【例 3-23】在屏幕中按相反的顺序打印数字的方法如下

| 1 | for i in range(10,0,-1): | |
| 2 | print (i) | |

在 range(10,0,-1)中，第 1 个参数 10 和第 2 个参数 0 指明了数字的范围，第 3 个参数-1 表示步长。

当然还有另一种方法：

1	for i in range(10):
2	print (10-i)

提示：

如果用 for 语句做循环，则需要利用 range 函数构造一个列表，从这个角度看用 for…in…range()做单纯循环的效率相比 while 要低。

为了解决这个问题，对单纯的循环可以使用 xrange（xrange 在 Python 3 中已不再使用），例如：

for i in xrange(1,100)

因为 xrange(1,100)仅产生一个 1～100 的循环范围，并不产生列表，这样就提高了效率。所以若只需要产生循环范围，就应该使用 for…in…xrange()循环。

3.2.6　工作手册页：分支语句的知识要点

学习记录：_____

_____

_____

_____

_____

_____

_____

_____

_____

_____

_____

_____

关键知识点

1．常用运算符的介绍：算术运算符、关系运算符、逻辑运算符、赋值运算符、位运算符、成员运算符、身份运算符。

2．相关 if 语句的种类和流程：简单 if 语句、if…else 语句、if…elif…else…语句、if 语句的嵌套。

3．完成对应的实训任务。

任务 1：【简单 if 语句】。

任务 2：【if…else…语句】。

任务 3：【if…elif…else…语句】。

3.2.7　工作手册页：while 循环的知识要点

学习记录：_____

关键知识点

1. 掌握 while 循环结构的基本格式。

2. 掌握 while 循环结构的基本形式，包括循环变量、无限循环，以及 else、break 语句和 continue 语句的使用方法等。

3. 完成对应的实训任务。

任务 1：【评委评分】。

任务 2：【猜数游戏 break】。

任务 3：【break 语句和 continue 语句的使用】。

3.2.8　工作手册页：for 循环的知识要点

学习记录：_____

关键知识点

1．for 循环的基本结构：

（1）无 else 字句；

（2）有 else 字句。

2．range()的用法：

（1）range(stop)表示 0 to stop-1 的数字；

（2）range(start,stop)表示 start to stop-1 的数字；

（3）range(start,stop,step)表示以 step 为步长的 start to stop-1 的数字。

3．完成对应的实训任务：

任务：【统计字符分类】。

应掌握 for 循环与 while 循环结构的区别，知道 for 循环的用法，并通过实训任务进行动手操作。

3.3 小结与习题

3.3.1 小结

本章通过 if 语句的条件分支和 while 循环分别实现了猜数游戏的一种和多种玩法。在 Python 程序中经常会遇到各类运算符的使用，Python 语言支持的运算符种类很多，包括算术运算符、关系运算符、逻辑运算符、赋值运算符、位运算符、成员运算符、身份运算符等。在程序控制流程方面介绍了分支和循环，以及嵌套和中止循环等相关知识。

通过本章的学习，读者将学会 Python 语言中分支和循环的使用。不但能够利用 if 语句确定程序流程，还能利用 while 进行循环和利用 for 进行遍历集合。同时通过实例的训练，读者可学会 Python 的循环嵌套、利用 break 中止循环的流程，以及一些常用运算符的使用方法。

3.3.2 习题

1．打印一个九九乘法表，要求格式为左对齐。

2．填写下面的表格，完成基本逻辑运算符的真值表。

m	n	m == n	m != n	m and n	m or n	not m
False	False					
False	True					
True	False					
True	True					

4．输入一个三角形的三条边，并判断该三角形是否为等腰三角形。

5．编写程序，输入两个整数，并将这两个整数按从小到大的顺序输出。

3.4 课外拓展

PyCharm 常用快捷键一览表。

1．编辑（Editing）

快 捷 键	功 能 说 明	快 捷 键	功 能 说 明
Ctrl + Space	基本的代码完成	Ctrl + Shift + W	回到之前的状态
Ctrl + Alt + Space	快速导入任意类	Ctrl + Shift +] / [	选定代码块结束 / 开始
Ctrl + Shift + Enter	语句完成	Alt + Enter	快速修正
Ctrl + P	参数信息（在方法中调用参数）	Ctrl + Alt + L	代码格式化
Ctrl + Q	快速查看文档	Ctrl + Alt + O	优化导入
Shift + F1	打开外部文档，进入 Web 文档主页	Ctrl + Alt + I	自动缩进
Ctrl + F1	显示错误描述或警告信息	Tab / Shift + Tab	缩进 / 不缩进当前行
Alt + Insert	自动生成代码	Ctrl+X / Shift+Delete	剪切当前行或选定代码块到剪贴板
Ctrl + O	方法重载	Ctrl+C / Ctrl+Insert	复制当前行或选定代码块到剪贴板
Ctrl + Alt + T	选中	Ctrl+V / Shift+Insert	从剪贴板粘贴
Ctrl + /	行注释/取消行注释	Ctrl + Shift + V	从最近的缓冲区粘贴
Ctrl + Shift + /	块注释	Ctrl + D	复制选定的区域或行
Ctrl + W	选中增加的代码块	Ctrl + Backspace	删除整个字符
Ctrl + Y	删除选定的行	Ctrl+ Numpad+ / -	展开 / 折叠代码块（当前位置为函数、注释等）
Ctrl + Shift + J	添加智能线	Ctrl + Shift + Numpad+ / -	展开 / 折叠所有代码块
Ctrl + Enter	智能线切割	Ctrl + F4	关闭运行的选项卡
Shift + Enter	另起一行	Ctrl + Delete	删除到字符结束
Ctrl + Shift + U	在选定的区域或代码块间切换		

2. 查找/替换（Search / Replace）

快 捷 键	功 能 说 明	快 捷 键	功 能 说 明
F3	下一个	Shift + F3	前一个
Ctrl + R	替换	Ctrl + Shift + F	或连续两次按 Shift 键进行全局查找（可以在整个项目中查找某个字符串，如查找某个函数名字符串）
Ctrl + Shift + R	全局替换		

3. 运行（Running）

快 捷 键	功 能 说 明	快 捷 键	功 能 说 明
Alt + Shift + F10	运行模式配置	Alt + Shift + F9	调试模式配置
Shift + F10	运行	Shift + F9	调试
Ctrl + Shift + F10	运行编辑器配置	Ctrl + Alt + R	运行 manage.py 任务

4. 调试（Debugging）

快 捷 键	功 能 说 明	快 捷 键	功 能 说 明
F8	跳过	F7	进入
Shift + F8	退出	Alt + F9	运行游标
Alt + F8	验证表达式	Ctrl + Alt + F8	快速验证表达式
F9	恢复程序	Ctrl + F8	断点开关
Ctrl + Shift + F8	查看断点		

5. 搜索相关（Usage Search）

快 捷 键	功 能 说 明	快 捷 键	功 能 说 明
Alt + F7 / Ctrl + F7	文件中查询用法	Ctrl + Shift + F7	文件中高亮显示用法
Ctrl + Alt + F7	显示用法		

6. 导航（Navigation）

快 捷 键	功 能 说 明	快 捷 键	功 能 说 明
Ctrl + N	跳转到类	Ctrl + Shift + N	跳转到符号
Alt + Right / Left	跳转到下一个/前一个编辑的选项卡	F12	回到先前的工具窗口
Esc	从工具窗口回到编辑窗口	Shift + Esc	隐藏运行的、最近运行的窗口
Ctrl + Shift + F4	关闭主动运行的选项卡	Ctrl + G	查看当前行号、字符号
Ctrl + E	当前文件弹出，打开最近使用的文件列表	Ctrl+Alt+Left / Right	后退 / 前进

续表

快 捷 键	功 能 说 明	快 捷 键	功 能 说 明
Ctrl+Shift+Backspace	导航到最近的编辑区域	Alt + F1	查找当前文件或标识
Ctrl+B / Ctrl+Click	跳转到声明	Ctrl + Alt + B	跳转到实现
Ctrl + Shift + I	查看快速定义	Ctrl + Shift + B	跳转到类型声明
Ctrl + U	跳转到父方法、父类	Alt + Up / Down	跳转到上一个 / 下一个方法
Ctrl +] / [	跳转到代码块结束 / 开始	Ctrl + F12	弹出文件结构
Ctrl + H	类型层次结构	Ctrl + Shift + H	方法层次结构
Ctrl + Alt + H	调用层次结构	F2 / Shift + F2	下一条 / 前一条高亮的错误
F4 / Ctrl + Enter	编辑资源 / 查看资源	Alt + Home	显示导航条 F11 书签开关
Ctrl + Shift + F11	书签助记开关	Ctrl + #[0-9]	跳转到标识的书签
Shift + F11	显示书签		

7. 重构（Refactoring）

快 捷 键	功 能 说 明	快 捷 键	功 能 说 明
F5 / F6	复制、剪贴	Alt + Delete	安全删除
Shift + F6	重命名	Ctrl + F6	更改签名
Ctrl + Alt + N	内联	Ctrl + Alt + M	提取方法
Ctrl + Alt + V	提取属性	Ctrl + Alt + F	提取字段
Ctrl + Alt + C	提取常量	Ctrl + Alt + P	提取参数

8. 控制 VCS / Local History

快 捷 键	功 能 说 明	快 捷 键	功 能 说 明
Ctrl + K	提交项目	Ctrl + T	更新项目
Alt + Shift + C	查看最近的变化	Alt + BackQuote(')	VCS 快速弹出

9. 模版（Live Templates）

快 捷 键	功 能 说 明	快 捷 键	功 能 说 明
Ctrl + Alt + J	当前行使用模版	Ctrl + J	插入模版

10. 基本（General）

快 捷 键	功 能 说 明	快 捷 键	功 能 说 明
Alt + #[0-9]	打开相应的工具窗口	Ctrl + Alt + Y	同步
Ctrl + Shift + F12	最大化编辑开关	Alt + Shift + F	添加到最喜欢
Alt + Shift + I	根据配置检查当前文件	Ctrl + BackQuote(')	快速切换当前计划
Ctrl + Alt + S	打开设置页	Ctrl + Shift + A	查找编辑器里所有的动作
Ctrl + Tab	在窗口间进行切换		

> **素养勋章要点：**
> 1. 安装 Anaconda 软件，并列举其中 Jupyter Notebook 的快捷键；
> 2. 比较 PyCharm 与 Jupyter Notebook 之间快捷键的共同点和区别。

要点记录：_____

_____

_____

_____

_____

_____

_____

_____

3.5 实训

3.5.1 分支

一、实训目的

1. 熟练使用 Python 的常用运算符。
2. 利用 if 分支语句编写 Python 代码。

二、单元练习

（一）选择题

1. 下列选项中，当 x 为大于 1 的奇数时，运算结果为 0 的表达式是（　　）。
   A．x%2==1　　　　B．x/2　　　　C．x%2!=0　　　　D．x%2==0
2. 在嵌套使用 if 语句时，Python 语言规定 else 总是（　　）。
   A．和之前与其具有相同缩进位置的 if 相匹配
   B．和之前与其最近的 if 相匹配
   C．和之前的第一个 if 配对
   D．和之前与其最近且不带 else 的 if 配对
3. 下列 Python 语句正确的是（　　）。
   A．min = x if x < y else y　　　　B．max = x > y ? x : y
   C．if (x > y) print x　　　　　　　D．if 1>2: print("hello")

（二）填空题

1．写出下列表达式的值，设 a=3，b=4，c=5。

表 达 式	值
a+b>c and b==c	
not(a>b) and not c or 1	
a<c and c<b	
a<c<b	
a<b or c<b	

2．在算术运算符、关系运算符_____、逻辑运算符_____和赋值运算符_____中，运算优先级最高的运算符是_____，最低的运算符是_____。

3．判断一个字符是数字字符的条件表达式为_____。

4．判断一个字符是字母的条件表达式为_____。

5．在 Python 语言中，用_____表示逻辑"真"，用_____表示逻辑"假"。

三、实训任务

任务 1：【猜数游戏】

编写一个猜数游戏，要求随机输入一个 0~10 之间的数字，提供一次猜数机会。

程序编写于下方

任务 2：【学生成绩等级评定】

根据学生考试成绩确定成绩等级，成绩与等级的对应关系如下表所示。

成绩（score）	等级（level）
score>= 90	A
80<=score<90	B
70<=score<80	C
60<=score<70	D
Score<60	E

程序编写于下方

任务3：【输入字符判断】

从键盘输入一个字符，判断该字符是数字、字母、空格还是其他。

程序编写于下方

任务4：【身体质量指数判断】

身体质量指数（BMI）是指用体重（单位：kg）除以身高（单位：m）的平方得出的数字，它是目前国际常用的衡量人体胖瘦程度，以及是否健康的一个标准，具体内容如下。

BMI 值	< 18.5	18.5～24.9	25.0～29.9	>29.9
身体情况	消瘦	正常	超重	肥胖

程序编写于下方

任务5：【企业发放奖金判断】

企业发放的奖金是根据利润多少提成的。利润（I）低于或等于10万元时，奖金可提10%；利润高于10万元、低于20万元时，低于10万元的部分按10%提成，高于10万元的部分可提成7.5%；利润在20万元到40万元之间时，高于20万元的部分可提成5%；利润在40万元到60万元之间时，高于40万元的部分可提成3%；利润在60万元到100万元之间时，高于60万元的部分可提成1.5%；利润高于100万元时，超过100万元的部分按1%提成。从键盘输入当月利润（I），求应发放的奖金总数。

程序编写于下方

任务6：【月份判断】

使用if语句结构写一个程序，判断输入的月份应该有多少天（2月定为28天）。

程序编写于下方

四、拓展任务

任务 1：【验证码】

一般网站在登录时都会进行"验证码"输入。在输入验证码字符时，无论用户输入的是大写字母还是小写字母，验证时都会忽略大小写的差异，认为是相同的字符。这说明系统已经对验证码中的字符和用户输入的字符进行了大小写转换，然后进行匹配。那么这种转换是如何实现的呢？请编程实现"从键盘输入一组字符，无论大小写都转换成小写形式输出"。

程序编写于下方

任务 2：【商品促销】

某商场采用购物打折的方式进行促销，具体促销方式如下。

购 买 金 额	折　　扣
1000 元及以上	九折
2000 元及以上	八折
3000 元及以上	七折

请编写程序，当输入顾客实际购物金额后，计算并输出优惠价。

程序编写于下方

任务 3：【闰年】

输入一个年份，求它是否为闰年。闰年的条件是：能被 4 整除不能被 100 整除或者能被 400 整除（y%4==0 and y%100 != 0 or y%400 == 0）。

程序编写于下方

任务 4：【月份判断】

使用 if 语句结构编写一个程序，判断输入的月份应该有多少天（2 月根据是否为闰年来判断是 28 天还是 29 天）。

程序编写于下方

3.5.2 循环

一、实训目的

1．掌握 while 循环语句的使用方法。
2．掌握 for 循环语句的使用方法。
3．能够利用流程控制语句解决实际编程问题。

二、单元练习

1．如果循环无休止地进行下去，这种状态称为_____。
2．使用循环语句输出 1 2 3 4 5 6 8 9 10，并填写在下面的空白中。

```
count=1
_____ count <= 10:
    _____ count != 7:
        _____(count)
    count+=1
```

3．循环可以嵌套_____层。

三、实训任务

任务 1：【猜数游戏】

编写一个猜数游戏，要求随机输入一个 0～100 之间的数字，可提供 6 次猜数机会。

程序编写于下方

任务2:【统计字符分类】

输入一行字符,统计出其中的英文字母、空格、数字及其他字符的个数,并打印出来。

程序编写于下方

任务3:【水仙花数】

输出所有的"水仙花数"。"水仙花数"是指一个三位数,其各位数字的立方和等于该数本身。例如,$153 = 1^3+5^3+3^3$,该数即为"水仙花数"。

程序编写于下方

任务4:【用数字组数】

用数字1、2、3、4来组数,能组出多少个互不相同且数字不重复的三位数?组数并打印出来。

程序编写于下方

任务5:【评委评分】

分别利用while语句和for语句完成以下功能。

某比赛有7个评委,选手的得分为这7个评委的评分总和,请编程实现统计功能。

程序编写于下方
while方式:
for方式:

任务 6：【 break 语句和 continue 语句的使用 】

输入若干字符，对输入的英文字母原样输出，其他字符不输出，直到输入回车键时结束。

程序编写于下方

四、拓展任务

任务 1：【 韩信点兵 】

淮安民间传说着一则故事——"韩信点兵"。话说韩信带领 1500 名士兵打仗，战死四五百人，于是韩信要求士兵排队。通过站 3 人一排，多出 2 人；站 5 人一排，多出 4 人；站 7 人一排，多出 6 人的情况，韩信很快说出士兵人数为 1049。

现在给你 3 个队伍的多出人数，分别为非负整数 a、b 和 c，请计算军队的总人数。

程序编写于下方

任务 2：【 数数游戏 】

有 n 个人围成一圈，顺序排号。从第 1 个人开始报数，凡报到 5 的人退出圈子，问最后留下的人是原来的第几号？

程序编写于下方

第 4 章 列表与元组

学习任务

本章将学习 Python 中常用的数据结构列表和元组的相关知识。通过本章的学习，读者应掌握列表和元组的基本语法及其使用，掌握列表的截取与拼接，了解列表的赋值机制，掌握列表与元组的相互转化。同时通过实例的训练，读者能够进一步巩固列表和元组的相关知识，学会列表推导式的应用，并利用列表和元组解决实际编程中的问题。

知识点

- 列表的声明和使用
- 元组的声明和使用
- 索引
- 求元素数量
- 列表运算符
- 列表的截取与拼接
- 列表推导式
- 嵌套列表
- 列表函数与列表方法
- 元组运算符
- 元组的索引与截取
- 元组内置函数

4.1 案例

4.1.1 猜数游戏（记录游戏过程数据）

在 3.1.2 节案例中的猜数游戏程序虽然提供了多次猜数机会，但是并没有记录下每次猜测的数字。接下来我们对代码进行修改，以记录游戏的过程数据。

```
1   import random
2   secret = random.randint(1, 10)
3   guess = 0
4   tries = 0
5   logList = []                    # 定义一个列表用来记录用户猜数的过程
6
7   print("请你猜一猜从 1 到 10，会是哪个数字？")
8   print("你只有 3 次机会哦！")
9   while tries < 3:                # 提供 3 次猜数机会
10      guess = eval(input("请输入你猜的数字："))
11      tries = tries + 1
12      if guess < secret:
13          print("太小了！！！！！！！！！")
14          logList.append(['第'+str(tries)+'次', guess, '太小了'])
15          continue
16      elif guess > secret:
17          print("太大了！！！！！！！！！")
18          logList.append(['第' + str(tries) + '次', guess, '太大了'])
19          continue
20      else:
21          print("恭喜你，猜对了！")
22          logList.append(['第' + str(tries) + '次', guess, '猜对了'])
23          break
24  if guess != secret:
25      print("很可惜，你猜错了！")
26  print("正确的数字为：" + str(secret))
27  print(logList)
```

案例说明

第 5 行：在 3.1.2 节案例的基础上加入了一个列表 logList，用来记录用户猜数的过程。此处声明了一个空列表 logList=[]，在 logList 中没有任何元素。

第 14、18、22 行：利用列表的 append 方法，向 logList 的尾部添加元素。这里添加的元素比较特殊，是格式类似于['第 1 次',3,'太大了']这样的列表。也就是说，在 logList 中添加的元素是一个新的列表，这个新的列表里有三个元素，而这三个元素的数据类型是不同的。列表的数据项不需要具有相同的类型。

列表的创建只要将逗号分隔的不同数据项用方括号括起来即可，如下所示：

```
1   list1 = ['Deris', 'Weng', 1, 2]
2   list2 = [1, 2, 3, 4, 5 ]
3   list3 = ["a", "b", "c", "d"]
```

第 27 行：将列表打印出来。

列表是一个比传统数组更好用的数据线性集合，它可以在随机位置任意添加不同类型的数据。

4.1.2　猜数游戏的扩展

在 2.1.3 节案例中创建了一个游戏函数包 Game.py，现对这个游戏包进行优化，将 4.1.1 节案例中的游戏过程记录功能放进去。

```
1   def GuessNumGame(*T):             # *T 表示任意多个无名参数，类型为 tuple
2       import random
3       secret = random.randint(T[0], T[1])
4       guess = 0
5       tries = 0
6       logList = []                  # 定义一个列表用来记录用户猜数的过程
7       print ("请你猜一猜从" +  str(T[0])  + "到" + str(T[1])  + ", 会是哪个数字？")
8       print ("你只有" + str(T[2])+ "次机会哦！")
9       while tries < T[2]:           # 提供 T[2]次猜数机会
10          guess = eval(input("请输入你猜的数字："))
11          tries = tries + 1
12          if guess < secret:
13              print("太小了！！！！！！！！！！ ")
14              logList.append(['第'+str(tries)+'次', guess, '太小了'])
15              continue
16          elif guess > secret:
17              print("太大了！！！！！！！！！！ ")
18              logList.append(['第' + str(tries) + '次', guess, '太大了'])
19              continue
20          else:
21              print("恭喜你，猜对了！ ")
22              logList.append(['第' + str(tries) + '次', guess, '猜对了'])
23              break
24      if guess != secret:
25          print("很可惜，你猜错了！ ")
26      print ("猜测范围："  +   str(T[0])   + "到" + str(T[1]) )
27      print ("猜测机会：" + str(T[2]) + "次")
28      print("正确的数字为：" + str(secret))
29  print(logList)
```

再次修改 2.1.3 节案例中创建的 testGame.py，调用 Game.py 中的 GuessNumGame 函数。

```
1   from Game import *              # 引入 Game.py 中的所有函数
2   # 调用 GuessNumGame 猜数函数
3   x = eval(input("随机数的最小值："))
4   y = eval(input("随机数的最大值："))
5   z = eval(input("猜测次数："))
6   GuessNumGame(x,y,z)
```

案例说明

在 Game.py 的第 1 行函数定义中，函数参数使用的是*T，这是一个特别的参数。*T 表示任意多个无名参数，类型为元组 tuple。元组与列表相似，也是一个线性集合，不同之处在于元组是一个元素（直接元素）不可更改的集合，无论是元素值、元素数量都不可更改。不可更改是元组与列表的最大区别。

元组使用圆括号()声明，列表使用方括号[]声明。元组的创建很简单，只需要在圆括号中添加元素，并使用逗号隔开即可，如下所示：

1	tup1 = ('Deris', 'Weng', 1, 2)
2	tup2 = (1, 2, 3, 4, 5)
3	tup3 =("a", "b", "c", "d")

在 Game.py 的第 3 行，可以使用下标索引来访问元组中的值。T[0]表示元组的第 1 个值，T[1]表示元组的第 2 个值，T[2]表示元组的第 3 个值。

在 testGame.py 的第 6 行，进行函数的调用时，可以直接以多个参数用逗号隔开的方式，将可变元组的值传递给函数。

在函数参数中使用元组的另外一个好处是使函数的参数可变，这在有些特殊的应用场景中有一定的应用价值。

4.1.3　工作手册页：案例

学习记录：_____

_____

_____

_____

_____

_____

_____

_____

_____

_____

_____

_____

关键知识点

1．介绍案例【猜数游戏（记录游戏过程数据）】的内容。

2．从案例中初步了解列表的用法。

3．介绍案例【猜数游戏的扩展】的内容。

4．从案例中初步了解元组相关知识点：

（1）元组与列表相似，也是一个线性集合，不同之处在于元组是一个元素（直接元素）不可更改的集合，无论是元素值、元素数量都不可更改。不可更改是元组与列表的最大区别。

（2）元组使用圆括号进行声明。

4.2 知识梳理

4.2.1 列表基础

1. 访问列表中的值

可以使用下标索引来访问列表中的值，也可以使用方括号的形式截取字符。

【例4-1】使用下标索引来访问列表

1	aList = ['Deris', 'Weng', 1, 2]
2	bList = [1, 2, 3, 4, 5, 6, 7]
3	print ("aList [0]: ", aList [0])
4	print ("bList [1:5]: ", bList [1:5])

以上实例输出结果如下：

aList [0]:　Deris
bList [1:5]:　[2, 3, 4, 5]

2. 更新列表中的值

列表的更新可以直接指定列表的索引，对其进行赋值，也可以使用 append() 方法向列表尾部增加元素。

【例4-2】列表的更新

1	aList = ['Deris', 'Weng', 1, 2]
2	print ("第三个元素为：", aList [2])
3	aList [2] = 3
4	print ("更新后的第三个元素为：", aList [2])

以上实例输出结果如下：

第三个元素为：　1
更新后的第三个元素为：　3

3. 向列表指定位置插入元素

利用 insert() 可以向指定索引位置插入元素。

【例4-3】向列表插入元素

1	aList = ['Deris', 'Weng', 1, 2]	
2	aList.insert(2, 'Happy')	# 使用 insert()向索引 2 的位置插入元素
3	print ("aList 结果为：", aList)	# 列表中有 5 个元素

以上实例输出结果如下：

aList 结果为 ：　　['Deris', 'Weng', 'Happy', 1, 2]

4. 删除或清空列表中的记录

可以使用 del 语句来删除列表中的元素。

【例 4-4】 利用 del 语句删除列表中的元素

```
1  aList = ['Deris', 'Weng', 1, 2]
2  print ("删除前的列表 ：", aList)
3  del aList [2]
4  print ("删除第三个元素后的列表 ：", aList)
```

以上实例输出结果如下：

删除前的列表 ：　　['Deris', 'Weng', 1, 2]
删除第三个元素后的列表 ：　　['Deris', 'Weng', 2]

【例 4-5】 关于列表与 del 语句的特殊说明，即 del 语句作用在变量上，而不在数据对象上

```
1  aList   = ['Deris', 'Weng', 1, 2]
2  # 列表本身不包含数据，而是包含变量：aList[0]～aList[3]
3  first = aList[0]           # 复制列表，创建新的变量引用，而不是数据对象的复制
4  del aList[0]               # del 语句删除的是变量，而不是数据对象
5  print(aList)
6  print(first)
```

以上实例输出结果如下：

['Weng', 1, 2]
Deris

另外，Python 的列表提供了 pop 方法，可以删除指定索引位置的元素。

【例 4-6】 利用 pop 方法删除列表中的元素

```
1  aList = ['Deris', 'Weng', 1, 2]
2  print ("删除前的列表 ：", aList)
3  aList.pop(2)
4  print ("删除第三个元素后的列表 ：", aList)
```

以上实例输出结果如下：

删除前的列表 ：　　['Deris', 'Weng', 1, 2]
删除第三个元素后的列表 ：　　['Deris', 'Weng', 2]

若要将列表清空可以使用：

```
1  aList =[]        # aList 列表中的变量都被清空
2  del aList        # aList 列表对象被删除
```

正是因为 del 语句作用在变量上，所以执行 del alist 语句时可直接删除 alist 对象，也就是说，alist 对象不存在了。

5. 遍历列表、二级索引

可以利用 for 语句遍历列表。

【例 4-7】 列表的遍历

1	aList = ['Deris', 'Weng', 1, 2]
2	for i in aList:
3	print(i)

以上实例输出结果如下：

```
Deris
Weng
1
2
```

【例 4-8】 列表的二级索引

| 1 | aList = ['Deris', 'Weng', [1, 2, 3]] |
| 2 | print(aList[2][0]) |

以上实例输出结果如下：

```
1
```

4.2.2 索引的使用

对线性结构的列表、元组和字符串而言，使用索引时都会采用"[索引]"方式。索引俗称下标，索引值从 0 开始，直到长度减 1 为止（例如，对 10 个元素的列表，最大的索引值为[9]）。

Python 针对需要从"尾部"获取元素的应用，提供了一种便捷的引用方式：可以利用"负"值的方式从队尾获得元素，其中最小的负数索引值不得小于"负"的"集合长度"（例如，对 10 个元素的列表，最小的索引值为[-10]），否则就会产生"索引越界"的错误。

【例 4-9】 索引越界

1	x = [1, 2, 3, 4, 5, 6]	
2	print(x[6])	# 最大的索引值为 5
3	print(x[-7])	# 最小的索引值为 –6

以上实例输出结果如下：

```
Traceback (most recent call last):
    File "indexError.py", line 3, in <module>
        print(x[6])
IndexError: list index out of range
```

4.2.3 求元素数量

Python 提供了通用函数 len(),用以求集合中的元素数量。虽然通用函数 len()适用于所有集合,但并不是这些集合类的成员函数。

【例 4-10】函数 len()

1	x = [1, 2, 3, 4, 5, 6]
2	y = []
3	print(len(x))
4	print(len(y))

以上实例输出结果如下:

```
6
0
```

4.2.4 列表运算符

列表对 + 和 * 的操作与字符串相似。+用于组合列表,*用于重复列表。

【例 4-11】列表运算符

1	print([1, 2, 3,4] + [5, 6])	# 列表的拼接
2	print(5 in [1, 2, 3, 4, 5, 6])	# 元素是否存在于列表中
3	print(['Weng'] * 3)	# 列表的重复倍增
4	for x in [1, 2, 3]:	# 列表的迭代
5	print(x, end=" ")	

以上实例输出结果如下:

```
[1, 2, 3, 4, 5, 6]
True
['Weng', 'Weng', 'Weng']
1 2 3
```

4.2.5 列表的截取与拼接

Python 的列表还提供了截取与拼接的方法。

【例 4-12】列表截取

1	aList=['Hello', 'Deris', 'Weng']	
2	print (aList [2])	# 读取第三个元素
3	print(aList [-1])	# 从右侧开始读取第一个元素
4	print(aList [1:])	# 输出从第二个元素开始的所有元素

以上实例输出结果如下:

```
Weng
Weng
['Deris', 'Weng']
```

【例 4-13】列表拼接

```
1  x=['Hello', 'Deris', 'Weng']
2  print(x + [1,2,3] )
```

以上实例输出结果如下:

```
['Hello', 'Deris', 'Weng', 1, 2, 3]
```

4.2.6 列表推导式

列表推导式是 Python 程序开发中比较常用的应用之一,它在逻辑上相当于一个循环,写法比较简洁。

列表推导式写法如下:

```
[表达式 for 变量 in 列表]
```

或者

```
[表达式 for 变量 in 列表 if 条件]
```

【例 4-14】简单列表推导式

```
1  alist = [1,2,3,4,5,6,7,8,9]
2  newaList = [i**2 for i in alist]
```

以上实例输出结果如下:

```
[1, 4, 9, 16, 25, 36, 49, 64, 81]
```

上述列表推导式等同于如下代码:

```
1  alist = [1,2,3,4,5,6,7,8,9]
2  newaList = []
3  for i in alist:
4      newaList.append(i**2)
```

【例 4-15】带有 if 条件的列表推导式

```
1  alist = [1,2,3,4,5,6,7,8,9]
2  print([i**2 for i in alist if i>5])
```

以上实例输出结果如下:

```
[36, 49, 64, 81]
```

上述带 if 条件的列表推导式等同于如下代码：

```
1   blist = [1,2,3,4,5,6,7,8,9]
2   newbList = []
3   for i in blist:
4       if x>5:
5           newbList.append(i**2)
```

4.2.7　嵌套列表

使用嵌套列表是指在列表里创建其他列表。

【例 4-16】嵌套列表

```
1   a = ['Hello', 'Deris', 'Weng']
2   n = [1, 2, 3]
3   x = [a, n]
4   print(x)
5   print(x[0])
6   print(x[0][1])
7   print(x[1][2])
```

以上实例输出结果如下：

```
[['Hello', 'Deris', 'Weng'], [1, 2, 3]]
['Hello', 'Deris', 'Weng']
Deris
3
```

4.2.8　列表函数与列表方法

1. 列表函数

Python 包含以下列表函数，如表 4-1 所示。

表 4-1　Python 中的列表函数

序号	列表函数	描述
1	len(list)	计算列表元素的个数
2	max(list)	返回列表元素最大值
3	min(list)	返回列表元素最小值
4	list(seq)	将元组转换为列表

【例 4-17】列表函数的使用

```
1   a = ['Hello', 'Deris', 'Weng']
2   n = [1, 2, 3]
3   print(len(a))
```

| 4 | print(max(a)) |
| 5 | print(min(n)) |

以上实例输出结果如下：

3
Weng
1

如果列表中有多种不同的数据类型，使用上述函数就会出现错误。

【例 4-18】列表函数的错误使用

1	a = ['Hello', 'Deris', 'Weng']
2	n = [1, 2, 3]
3	x = [a, n]
4	print(min(x))

以上实例输出结果如下：

Traceback (most recent call last):
　File "ListError.py", line 4, in <module>
　　print(min(x))
TypeError: '<' not supported between instances of 'int' and 'str'

2. 列表方法

Python 包含以下列表方法，如表 4-2 所示。

表 4-2　Python 中的列表方法

序　号	列　表　方　法	描　述
1	list.append(obj)	在列表末尾添加新的对象
2	list.count(obj)	统计某个元素在列表中出现的次数
3	list.extend(seq)	在列表末尾一次性追加另一个序列中的多个值（用新列表扩展原来的列表）
4	list.index(obj)	从列表中找出某个值第一个匹配项的索引位置
5	list.insert(index, obj)	将对象插入列表
6	list.pop(obj=list[-1])	移除列表中的一个元素（默认为最后一个元素），并且返回该元素的值
7	list.remove(obj)	移除列表中某个值的第一个匹配项
8	list.reverse()	反向列表中的元素
9	list.sort([func])	对原列表进行排序
10	list.clear()	清空列表
11	list.copy()	复制列表

【例 4-19】列表方法的使用

1	a = ['Hello', 'Deris', 'Weng']
2	a.append('Happy')
3	print(a)
4	a.reverse()
5	print(a)

以上实例输出结果如下：

['Hello', 'Deris', 'Weng', 'Happy']
['Happy', 'Weng', 'Deris', 'Hello']

4.2.9 元组基础

1. 声明一个空元组

创建空元组，方法如下：

```
tup1 = ()
```

注意：元组中只包含一个元素时，需要在元素后面添加逗号，否则括号会被当作运算符使用。

【例 4-20】只包含一个元素的元组

```
1  tup1 = (50)
2  print(type(tup1))        # 不加逗号，类型为整型
3  tup1 = (50,)
4  print(type(tup1))        # 加上逗号，类型为元组
```

以上实例输出结果如下：

<class 'int'>
<class 'tuple'>

2. 访问元组

可以使用下标索引来访问元组中的值。

【例 4-21】访问元组

```
1  tup1 = ('Deris', 'Weng', 1, 2)
2  tup2 = (1, 2, 3, 4, 5, 6, 7 )
3  print("tup1[0]: ", tup1[0])
4  print("tup2[1:5]: ", tup2[1:5])
```

以上实例输出结果如下：

tup1[0]:   Deris
tup2[1:5]:   (2, 3, 4, 5)

3. 修改元组

元组中的元素值是不允许修改的，但可以对元组进行连接组合。

【例 4-22】修改元组

```
1  tup1 = (12, 34.56);
2  tup2 = ('abc', 'xyz')
3  tup3 = tup1 + tup2;
4  print(tup3)
```

以上实例输出结果如下：

(12, 34.56, 'abc', 'xyz')

【例4-23】非法修改元组

1	tup1 = (12, 34.56)
2	# 修改元组元素的操作是非法的
3	# tup1[0] = 100

以上实例输出结果如下：

Traceback (most recent call last):
　File "tupError.py", line 3, in <module>
　　tup1[0] = 100
TypeError: 'tuple' object does not support item assignment

4. 删除元组

元组中的元素值是不允许删除的，但可以使用 del 语句来删除整个元组。

【例4-24】删除元组

1	tup = ('Deris', 'Weng', 1, 2)
2	print (tup)
3	del tup;
4	print ("删除后的元组 tup : ")
5	print (tup)

以上实例输出结果如下：

删除后的元组 tup :
Traceback (most recent call last):
　File "deleteTupError.py", line 8, in <module>
　　print (tup)
NameError: name 'tup' is not defined

4.2.10 元组运算符

与字符串一样，元组之间可以使用 + 和 * 进行运算，这就意味着它们可以组合和复制，运算后会生成一个新的元组。

【例4-25】元组运算

1	print(len((1, 2, 3)))	# 计算元组的元素个数
2	print((1, 2, 3,4) + (5, 6))	# 元组的拼接
3	print(5 in (1, 2, 3, 4, 5, 6))	# 元素是否存在于元组中
4	for x in (1, 2, 3):	# 元组的迭代
5	print(x, end=" ")	

以上实例输出结果如下：

```
3
(1, 2, 3, 4, 5, 6)
True
1 2 3
```

提示：(('Happy！',) * 4)与(('Happy！') * 4)这两种写法得到的结果是不同的。('Happy！')其实并不是元组，Python认为它是一个字符串。

【例 4-26】元组的使用

1	print((' Happy！',) * 4)	# 有逗号（,）可实现元组的重复倍增
2	print((' Happy！') * 4)	# 没有逗号（,）则不认为是元组

以上实例输出结果如下：

```
('Happy！', 'Happy！', 'Happy！', 'Happy！')
Happy！ Happy！ Happy！ Happy！
```

4.2.11　元组的索引与截取

因为元组也是一个序列，所以我们可以访问元组中指定位置的元素，也可以截取索引中的一段元素。

【例 4-27】索引与截取

1	Tup = ('Deris', 'Happy', 'Weng')	
2	print(Tup [2])	# 读取第三个元素
3	print(Tup [-2])	# 反向读取第二个元素
4	print(Tup [1:])	# 截取从第二个元素开始的所有元素

以上实例输出结果如下：

```
Weng
Happy
('Happy', 'Weng')
```

4.2.12　元组内置函数

Python 中的元组包含了以下内置函数，如表 4-3 所示。

表 4-3　Python 中的元组内置函数

序　号	内 置 函 数	描　　述
1	len(tuple)	计算元组中元素的个数
2	max(tuple)	返回元组中元素最大值
3	min(tuple)	返回元组中元素最小值
4	tuple(seq)	将列表转换为元组

【例 4-28】元组内置函数的使用

1	a = ('Hello', 'Deris', 'Weng')
2	n = (1, 2, 3)
3	print(len(a))
4	print(max(a))
5	print(min(n))

以上实例输出结果如下：

```
3
Weng
1
```

Python 的元组与列表类似，不同之处在于元组的元素不能修改。因此元组并没有像列表那样多的方法。

Python 包含以下元组方法，如表 4-4 所示。

表 4-4　Python 中的元组方法

序　号	方　　法	描　　述
1	tuple.count(obj)	统计某个值在整个元组中出现的次数
2	tuple.index(obj)	从元组中找出某个值第一个匹配项的索引位置

【例 4-29】元组方法的使用

1	a = ('Hello', 'Deris', 'Weng','Hello')
2	print(a.count('Hello'))
3	print(a.index('Hello'))

以上实例输出结果如下：

```
2
0
```

4.2.13　工作手册页：列表的知识要点

学习记录：

关键知识点

1. 掌握列表基础知识，包括声明一个空列表、向列表尾部增加元素、访问列表中的值、更新列表中的值、向列表指定位置插入元素、删除或清空列表中的记录、遍历列表、二级索引。

2. 掌握列表索引的使用、运算符、截取与拼接、列表推导式、嵌套列表、列表函数与列表方法等知识。

3. 完成对应的实训任务：【列表创建的基本操作】。

通过对列表知识点的介绍，以及每个知识点穿插案例的说明，读者应先掌握列表的基础知识点，再通过实训任务，巩固对列表的理解。

4.2.14 工作手册页：元组的知识要点

学习记录：_____

_____

_____

_____

_____

_____

_____

_____

_____

_____

_____

关键知识点

1. 掌握元组基础知识：（1）声明一个空元组；（2）访问元组；（3）修改元组；（4）删除元组。

2. 掌握元组运算符、元组索引与截取、元组内置函数与方法。

（1）运算符：+和*是操作符，其中+用于组合元组，*用于重复元组。

（2）因为元组也是一个序列，所以可以访问元组中指定位置的元素，也可以截取索引中的一段元素。

（3）元组内置函数：len(tuple)、max(tuple)、min(tuple)、tuple(seq)。

（4）元组方法：tuple.count(obj)、tuple.index(obj)。

针对元组的知识点，读者可先结合各案例进行说明讲解，再通过提问进行巩固。

4.3 小结与习题

4.3.1 小结

在第 2 章和第 3 章"猜数游戏"案例的基础上，4.1.1 节案例使用列表来记录游戏过程的数据，4.1.2 节案例对猜数游戏进行优化，引入元组对函数游戏包进行了扩展。

序列是 Python 中最基本的数据结构。Python 有 6 个序列的内置类型，其中常见的是列表和元组。序列可以进行的操作包括索引、切片、加、乘、检查成员。序列中的每个元素都分配一个数字，即它的位置，或称索引，第 1 个索引是 0，第 2 个索引是 1，依此类推。此外，Python 已经内置了确定序列长度，以及确定最大和最小元素的方法。

列表是常用的 Python 数据类型，它可作为一个方括号内的逗号分隔值出现。列表的数据项不需要具有相同的类型。

通过本章的学习，读者将学会 Python 语言中数据组织和处理的方式，即列表与元组的使用，使用下标索引访问列表中的值，使用方括号的形式截取字符，还能学会截取与拼接列表的方法。同时通过实例的训练，读者将学会 Python 的嵌套列表、列表函数和列表方法，以及一些常用元组运算符和列表运算符的使用。

4.3.2 习题

1．为什么应尽量地从列表的尾部进行元素的添加与删除操作？
2．说说列表与元组的共同点和区别。
3．列举列表与元组相同的函数和方法。

4.4 课外拓展

机器学习（Machine Learning，ML）是一门多领域交叉学科，涉及概率论、统计学、逼近论、凸分析、算法复杂度理论等多门学科。它专门研究计算机怎样模拟或实现人类的学习行为，以获取新的知识或技能，重新组织已有的知识结构使之不断改善自身的性能。

它是人工智能的核心，是使计算机具有智能的根本途径，其应用遍及人工智能的各个领域，它主要使用的方法是归纳、综合而不是演绎。

学习是人类具有的一种重要智能行为，但究竟什么是机器学习，长期以来却众说纷纭。社会学家、逻辑学家和心理学家都各有其不同的看法。

Langley（1996）定义的机器学习是"机器学习是一门人工智能的科学，该领域的主要研究对象是人工智能，特别是如何在经验学习中改善具体算法的性能"。

Tom Mitchell（1997）定义的机器学习是"机器学习是对能通过经验自动改进的计算机算法的研究"。

Alpaydin（2004）提出对机器学习的定义是"机器学习是用数据或以往的经验，以此优化计算机程序的性能标准"。

为了便于进行讨论和估计学科的进展，有必要对机器学习给出定义，即使这种定义是不完全的和不充分的。顾名思义，机器学习是研究如何使用机器来模拟人类学习活动的一门学科。稍为严格的提法是"机器学习是一门研究机器获取新知识和新技能，并识别现有知识的学问"。这里所说的"机器"，指的就是计算机，即电子计算机、中子计算机、光子计算机或神经计算机等。

机器能否像人类一样具有学习能力呢？1959 年美国的塞缪尔（Samuel）设计了一个下棋程序，这个程序具有学习能力，它可以在不断的对弈中改善自己的棋艺。4 年后，这个程序战胜了设计者本人。又过了 3 年，这个程序战胜了美国一位保持了 8 年之久的常胜冠军。这个程序向人们展示了机器学习的能力，提出了许多令人深思的社会问题与哲学问题。

机器的能力是否能超过人的能力，很多持否定意见的人的一个主要论据是，"机器是人造的，其性能和动作完全是由设计者规定的，因此无论如何其能力也不会超过设计者本人"。这种意见对不具备学习能力的机器来说的确是对的，可是对具备学习能力的机器就值得考虑了，因为这种机器的能力可在应用中不断地提高，经过一段时间之后，设计者本人也不知道它的能力到了何种水平。

关于机器学习有下面几种定义："机器学习是一门人工智能的科学，该领域的主要研究对象是人工智能，特别是如何在经验学习中改善具体算法的性能。""机器学习是对能通过经验自动改进的计算机算法的研究。""机器学习是用数据或以往的经验，以此优化计算机程序的性能标准。"

机器学习已经有了十分广泛的应用，如数据挖掘、计算机视觉、自然语言处理、生物特征识别、搜索引擎、医学诊断、检测信用卡欺诈、证券市场分析、DNA 序列测序、语音和手写识别、战略游戏和机器人运用。

机器学习是人工智能研究较为年轻的分支，它的发展过程可分为以下 4 个阶段。

第 1 阶段是在 20 世纪 50 年代中叶到 60 年代中叶，称为机器学习的热烈时期。

第 2 阶段是在 20 世纪 60 年代中叶至 70 年代中叶，称为机器学习的冷静时期。

第 3 阶段是从 20 世纪 70 年代中叶至 80 年代中叶，称为机器学习的复兴时期。

机器学习的最新阶段始于 1986 年。

机器学习进入新阶段的重要表现有以下 5 个方面。

（1）机器学习已成为新的边缘学科并在高校形成一门课程。它综合应用心理学、生物学和神经生理学，以及数学、自动化和计算机科学形成机器学习理论的基础。

（2）结合各种学习方法，多种形式的集成学习系统研究正在兴起。特别是对连接符号系统耦合的学习，可以更好地解决连续性信号处理中知识和技能的获取与求精等问题。

（3）关于机器学习与人工智能各种基础问题的统一性观点正在形成。例如，基于类比学习与问题求解结合的案例方法已成为经验学习的重要方向。

（4）各种学习方法的应用范围不断扩大，使其一部分已形成商品。归纳学习的知识获取工具已在诊断分类型专家系统中广泛使用。连接学习在声图文识别中占优势。分析学习已用于设计综合型专家系统。遗传算法与强化学习在工程控制中有较好的应用前景。与符号系统耦合的神经网络连接学习将在企业的智能管理与智能机器人运动规划中发挥作用。

（5）与机器学习有关的学术活动空前活跃。国际上除每年一次的机器学习研讨会外，还有计算机学习理论会议和遗传算法会议。

（来源：百度百科）

> **素养勋章要点：**
>
> 机器学习、深度学习和强算力为典型特征的人工智能正深度参与社会领域的重塑，请你谈谈人工智能技术在生活中的应用案例，并分析带来的社会变革。

要点记录：_____

_____

_____

_____

_____

_____

_____

_____

_____

4.5 实训

4.5.1 列表

一、实训目的

1. 了解列表的基本操作。
2. 掌握列表的截取与拼接方法。
3. 掌握列表的赋值机制。
4. 学会列表推导式的应用。

二、单元练习

（一）选择题

1. Python 列表不包含以下哪个内置函数？（　　）
   A．len()　　　B．max()　　　C．min()　　　D．tuple()　　　E．list()
2. 列表中可以放多少个字符串？（　　）
   A．1　　　　　B．255　　　　C．无限个　　　D．由用户自己定义

（二）填空题

1. 已知 tmp=['**Deris**','**Weng**',2018,2019]，请填写下面的结果。

tmp[1]=_____
tmp[-1]=_____
tmp[:2]=_____
tmp[::2]=_____

2. 请填写 Python 表达式对应的结果。

Python 表达式	结　　果
len([1, 2, 3,4,5])	
[1, 2, 3] + [4, 5, 6,7]	
['123'] * 4	
3 in [1, 2, 33,4,5]	
for x in [1, 2, 3,4]: 　　print(x)	

三、实训任务

任务 1：【列表创建的基本操作】

1. 创建一个空列表 alist（用两种方法实现）。

程序编写于下方

2. 创建一个长 10000 的列表 blist（列表元素内容为从 1 开始的整数）。

程序编写于下方

3. 创建一个长 10000 的列表 clist（列表元素内容均为 1）。

程序编写于下方

4．编写程序，用户输入一个列表和两个整数作为下标，然后使用切片获取并输出列表中介于两个下标之间的元素组成的子列表。例如，用户输入[1, 2, 3, 4, 5, 6]和2,5，程序输出[3, 4, 5, 6]。

程序编写于下方

任务2：【列表的截取与拼接】

编写下列代码，输出结果，并说明原因。

1	l = [i for i in range(0,15)]
2	print(l[::2])

结果：

1	l = [i for i in range(0,15)]
2	print(l[::-2])

结果：

说明原因：

任务3：【二维列表】

编写下列代码，输出结果。

1	list_2d = [[0 for i in range(5)] for i in range(5)]
2	list_2d[0].append(3)
3	list_2d[0].append(5)
4	list_2d[2].append(7)
5	print(list_2d)

结果：

任务4：【列表的赋值机制】

写出下列语句执行后的结果。

1	a = [1, 2, 3]
2	b = a

3	c = []
4	c = a
5	d = a[:]
6	print(a, b, c, d)

结果为：_____

继续执行如下语句：

| 1 | b[0] = 'b' |
| 2 | print(a, b, c, d) |

结果为：_____

继续执行如下语句：

| | print(id(a), id(b), id(c), id(d)) |

结果为：_____

继续执行如下语句：

| 1 | c[0] = 'c' |
| 2 | print(a, b, c, d) |

结果为：_____

继续执行如下语句：

| 1 | d[0] = 'd' |
| 2 | print(a, b, c, d) |

结果为：_____

继续执行如下语句：

| | print(id(a), id(b), id(c), id(d)) |

结果为：_____

请对上述实验过程进行总结。

总结：_____

_____

任务5：【列表与循环的混合使用】

1. 输出结果：[1 love python,2 love python,3 love python,…, 10 love python]

程序编写于下方

2．输出结果：[(0,0),(0,2),(2,0),(2,2)]

程序编写于下方

四、拓展任务

任务 1：【列表推导式应用 1】

使用列表推导式生成 100 以内的所有偶数。

程序编写于下方

任务 2：【列表推导式应用 2】

使用列表推导式实现矩阵转置。

程序编写于下方

任务 3：【加密算法】

请按照加密规则实现加密算法，加密规则如下：每位数字都加上 7，然后用它除以 10 的余数代替该数字，再将第 1 位和第 3 位交换，第 2 位和第 4 位交换。

程序编写于下方

4.5.2 元组

一、实训目的

1．掌握元组的基本操作。
2．掌握列表与元组相互转化的方法。

二、单元练习

（一）选择题

1. Python 元组不包含以下哪个内置函数？（   ）

    A．len()　　　B．max()　　　C．min()　　　D．tuple()　　　E．以上都是

2. 以下哪个选项的输出值为3？（   ）

    A．len((1,2,3))

    B．3 in (1,2,3)

    C．for x in (1,2,3):
    　　　print x

3. tuple()可以达到什么效果？（   ）

    A．计算元组元素个数　　　　　　B．返回元组中元素最大值
    C．将元组转换成列表　　　　　　D．将列表转换成元组

（二）填空题

1. 已知 tmp=['Deris','Weng',2018,2019]，请填写下面的结果。

    tmp[1]=_____
    tmp[-1]=_____
    tmp[:2]=_____
    tmp[::2]=_____
    tmp[::-1]=_____

2. 请描述 tup(50)和 tup(50,)的区别。

    _____

3. 请填写 Python 表达式对应的结果。

Python 表达式	结　果
len((1, 2, 3,4,5))	
(1, 2, 3) + (4, 5, 6,7)	
(123) * 4	
(123,) * 4	
3 in (1, 2, 33,4,5)	
for x in (1, 2, 3,4): 　print (x)	

三、实训任务

任务1：【列表与元组的相互转化】

编写下列代码，输出结果。

1	T=('cc','aa','dd','bb')
2	tmp=list(T)
3	print(tmp)

结果：

_____

继续编写：

1	T=tuple(tmp)
2	print(T)

结果：

任务2：【元组的使用】

打印输出'one','two','four','five','six'的 temp 元组，在 two 和 four 之间加入 three，并截取前两项。

程序编写于下方

第 5 章

字符串与文件

学习任务

本章将学习 Python 中常用的数据结构字符串和文件的相关知识。通过本章的学习，读者应学会字符串的连接、格式化、转换和分割的方法；掌握切片运算、字符串与列表的转换方法；了解字符与 ASCII 码的转换的知识；掌握使用文件存储字符串的方法，掌握文本文件读/写操作的基本方法。

知识点

- 字符串的连接、格式化、转换和分隔
- 字符串运算符
- 字符串内建函数
- 字符串切片（截取）
- 字符串与列表的转换
- 字符与 ASCII 码的转换
- 利用文件存储字符串
- 文本文件的读/写操作方法
- 使用文件对象的各种方法

5.1 案例

5.1.1 游戏中的字符串格式化及优化

字符串是 Python 中常用的数据类型。Python 还提供了很多字符串格式化的便捷方法，本案例将利用字符串格式化方法对第 4 章游戏案例中的字符串拼接进行优化。另外，在输入、输出、读/写文件方面，字符串是最直观的数据，本案例将在第 4 章游戏案例的基础上，将游戏中的日志信息转化成字符串形式，为后续将日志文件存储到文本文件中做准备。具体修改如下。

GuessNumGame.py：

```
1    def GuessNumGame(*T):              # *T 表示任意多个无名参数，类型为 tuple
2        import random
3        secret = random.randint(T[0], T[1])
4        guess = 0
5        tries = 0
6        logList = []                    # 定义一个列表用来记录用户猜数的过程
7        print('请你猜一猜从{}到{}，会是哪个数字?'.format(T[0], T[1]))
8        print ("你只有{}次机会哦!".format(T[2]))
9        logBetween= "猜测范围：{}到{}".format(T[0], T[1])
10       logTries="猜测机会：{}次".format(T[2])
11       logTrue="正确的数字为：{}".format(secret)
12       logList.append([logBetween, logTries,logTrue])
13       while tries < T[2]:
14           guess = eval(input("请输入你猜的数字："))
15           tries += 1
16           if guess < secret:
17               print("太小了！！！！！！！！！ ")
18               logList.append(['第{}次'.format(tries), guess, '太小了'])
19               continue
20           elif guess > secret:
21               print("太大了！！！！！！！！！ ")
22               logList.append(['第{}次'.format(tries), guess, '太大了'])
23               continue
24           else:
25               print("恭喜你，猜对了！ ")
26               logList.append(['第{}次'.format(tries), guess, '猜对了'])
27               break
28       if guess != secret:
29           print("很可惜，你猜错了！ ")
30       return logList
```

testGame.py：

```
1    from Game import *                  # 引入 GuessNumGame.py 中的所有函数
2    # 调用 GuessNumGame 猜数函数
3    x = eval(input("随机数的最小值："))
4    y = eval(input("随机数的最大值："))
5    z = eval(input("猜测次数："))
6    logList =GuessNumGame(x,y,z)
7    print(logList)
8    strLog = ",".join(map(str, logList))    # 将列表转换成字符串，后续考虑存储到文件中
9    print(strLog)
```

案例说明

➢ 在 GuessNumGame.py 的第 7、8 行中，利用 format()进行字符串的格式化。

```
"请你猜一猜从{}到{}, 会是什么数字? ".format(T[0], T[1])
```

上述语句中采用格式化字符串的函数 str.format()的形式,通过{}接收数据,format 函数可以接收无限个参数,位置可以不按顺序。如果{}中没有数字,则按顺序获取 format 函数中的参数值。上述写法与如下写法等同:

```
"请你猜一猜从{0}到{1}, 会是哪个数字? ".format(T[0], T[1])
```

- 第 9~12 行:将猜测范围、猜测机会、正确答案进行相应的格式化后,放到列表 logList 中。
- 第 18、22、26 行:将 format 函数格式化后的字符串放到列表 logList 中。
- 第 30 行:列表 logList 作为函数的返回值返回。
- 在 testGame.py 的第 6 行,变量 logList 列表接收 GuessNumGame()的返回值。
- 在 testGame.py 的第 8 行,利用 map()将 logList 中的每个对象都转换成字符串型。
- map()是 Python 内置的高阶函数,它接收一个函数 f 和一个 list,并通过把函数 f 依次作用在 list 的每个元素上,得到一个新的 list 并返回。这里例子中的函数 f 就是 str()。
- 在 testGame.py 的第 8 行中,先把 map()转换好后,再用 join()方法将序列中的元素以指定的字符(,)连接生成一个新的字符。也就是说,把 logList 列表中的所有元素都用逗号(,)隔开,然后拼接在一起,成为一个新的字符串。

> **练一练**:动手实现上述游戏中的字符串格式化及优化功能。
> 在第 4 章游戏案例的基础上,将游戏中的日志信息转化成字符串形式。

5.1.2 存储游戏的过程日志

字符串作为 Python 语言的一种常用数据类型,它也为信息存储提供了很大的便捷,可以将其保存到文本文件中,方便数据的物理存储。常见的方式是将其他数据类型转换成字符串类型,然后再将字符串保存到文本文件中。

为了更加方便地进行文本文件的读/写,我们考虑构建文本文件读/写工具函数 FileTools。
FileTools.py:

```
1   # readfile 函数
2   def readfile(filename):
3       fp = open(filename,'r')        # 利用 r(read)方式
4       flist = fp.readlines()         # 按换行符分隔,将每行作为一个元素存入列表 flist 中
5       fp.closed
6       return flist
7
8   # writefile 函数
9   def writefile(filename, log):
10      fp = open(filename, 'w')       # 利用 w(write)方式
11      fp.writelines(log)             # 把 log 字符串写入文件 filename 中
12      fp.closed
13
```

14	# appendfile 函数	
15	def appendfile(filename, log):	
16	fp = open(filename, 'a')	# 利用 a（append）方式
17	fp.writelines(log)	# 将 log 字符串添加到文件 filename 中
18	fp.closed	

案例说明

➢ 进行文本文件读/写的重要方法有 open、close、read、write、readline、writeline。

➢ 在 GuessNumGame.py 的第 7、8 行中，利用 format 函数进行字符串的格式化。

➢ 在 FileTools.py 中定义了三个函数，分别是 readfile 读文件、writefile 写文件、appendfile 向文件添加内容。这三个函数实际上是封装了 Python 的 open 函数、readlines 函数和 writelines 函数。

➢ 在第 1～6 行 readfile 函数中，参数 filename 是想要读取的文件名，第 3 行利用 open 函数打开文件，其中 open 函数的参数 "r" 指的是以 "只读" 方式打开文件。

➢ 第 4 行：readlines 函数把文本文件按行分割，并产生一个以每一行文本为一个元素的列表。

➢ 第 5 行：关闭文件。

➢ 第 6 行：向主调函数返回包含文件内容的列表。

➢ 在第 8～12 行 writefile 函数中，参数 filename 是想要写入的文件名，参数 log 是要写入文件的日志内容。第 10 行利用 open 函数打开文件，其中 open 函数的参数 "w" 指的是以 "只写" 方式打开文件。

➢ 第 11 行：writelines 函数把 log 字符串写入文件 filename 中。

➢ 在第 14～18 行 appendfile 函数中，参数 filename 是想要添加内容的文件名，参数 log 是要写入文件的日志内容。第 16 行利用 open 函数打开文件，其中 open 函数的参数 "a" 指的是以 "添加" 方式打开文件。

注意："只写" 方式和 "添加" 方式的区别在于，"只写" 方式每次都会覆盖文件之前的内容；"添加" 方式则是在文件原有内容的基础上添加，并不会覆盖原有内容，所写的任何数据都会被自动增加到文件的末尾。

5.1.2 节案例将在 5.1.1 节案例的基础上予以改进，将日志信息转化成字符串后，再保存到文本文件中。利用文本文件读/写工具函数进行修改，具体内容如下。

textGame.py：

1	from Game import *	# 引入 GuessNumGame.py 中的所有函数
2	from FileTools import *	# 引入 FileTools.py 中的所有函数
3	# 调用 GuessNumGame 猜数函数	
4	x = eval(input("随机数的最小值："))	
5	y = eval(input("随机数的最大值："))	
6	z = eval(input("猜测次数："))	
7	logList =GuessNumGame(x,y,z)	
8	print(logList)	
9	strLog = ",".join(map(str, logList))	# 将列表转换成字符串，后续会考虑存储到文件中
10	filename = "game.log"	# 指定文件

11	writefile (filename, strLog)	# 向文件中写入日志
12	rFile = readfile (filename)	
13	print (rFile)	

案例说明

➢ 第 10 行：指定读/写的文本文件为 game.log。
➢ 第 11 行：调用 writefile 函数，向 game.log 文件中写入日志。
➢ 第 12 行：调用 readfile 函数。

练一练：动手实现利用文本文件读/写工具函数，存储游戏过程日志。

1. 构建文本文件读/写工具函数 FileTools。
2. 将日志信息转化成字符串后，再保存到文本文件中。

5.1.3　工作手册页：字符串案例

学习记录：_____

_____
_____
_____
_____
_____
_____
_____
_____
_____
_____
_____

关键知识点

1. 介绍案例【游戏中的字符串格式化及优化】的内容。
2. 从案例中了解字符串的相关知识点。
3. 总结并提问。
（1）format()的作用有哪些？
（2）map()和join()有什么作用？
通过案例的讲解，使读者能够对字符串格式化有初步的理解。

5.1.4　工作手册页：文件案例

学习记录：_____

关键知识点

1. 介绍案例【存储游戏过程日志】的内容。
2. 从案例中了解文件的相关知识点。

（1）FileTools.py 中定义了三个函数，分别是 readfile 读文件、writefile 写文件、appendfile 向文件添加内容。

（2）这三个函数封装了 Python 的 open 函数、readlines 函数和 writelines 函数。

（3）利用 open 函数打开文件，其中 open 函数的参数"r"指的是以"只读"方式打开文件。

（4）readlines 函数把文本文件按行分隔，并产生一个以每一行文本为一个元素的列表。

（5）open 函数的参数"w"指的是以"只写"方式打开文件。

（6）writelines 函数指把 log 字符串写入文件 filename 中。

（7）open 函数的参数"a"指以"添加"方式打开文件。

5.2　知识梳理

5.2.1　字符串写法

在 Python 中字符串可以用单引号（"）和双引号（""）进行标识，对于跨行的字符串可以用"三引号"（三个单引号 ''' 或三个双引号"""）进行标识。

创建字符串很简单，只要为变量分配一个值即可。

【例 5-1】用单引号（"）和双引号（""）创建字符串

1	str1 = 'Hello World!'
2	str2= "Derisweng"

Python 中使用三引号允许一个字符串跨多行，字符串中可以包含换行符、制表符，以及其他特殊字符。

【例 5-2】 用三引号创建字符串

1	str3 = """
2	这是一个多行字符串的例子
3	多行字符串可以使用制表符 TAB (\t)，也可以使用换行符 \n 进行换行
4	"""
5	print (str3)

以上实例输出结果如下：

这是一个多行字符串的例子
多行字符串可以使用制表符 TAB ()，也可以使用换行符进行换行

三引号具有所见即所得的效果，其典型的应用场景就是，当你需要一段 HTML 或 SQL 语句时，如果用字符串组合或特殊字符串进行转义，就会非常麻烦，而使用三引号就会非常方便。

【例 5-3】 将三引号应用在 HTML 的定义中

1	strHTML = """
2	\<div class="title-box"\>
3	\<h2 class="title-blog"\>
4	\<a href="https://www.Python.com"\>Python\</a\>
5	\</h2\>
6	\<p class="description"\>春江花月夜\</p\>
7	\</div\>
8	"""
9	print (strHTML)

以上实例输出结果如下：

\<div class="title-box"\>
   \<h2 class="title-blog"\>
      \<a href="https://www.Python.com"\>Python\</a\>
   \</h2\>
   \<p class="description"\>春江花月夜\</p\>
\</div\>

5.2.2 字符串操作

下面介绍 Python 中 8 个常用的字符串操作。

1. 访问字符串中的值

Python 不支持单个字符类型，单个字符在 Python 中作为一个字符串使用。在 Python 中访

问子字符串，可以使用方括号[]来操作。

【例5-4】用方括号[]访问子字符串

1	str1 = 'Hello World!'
2	str2= "Python"
3	print ("str1[0]: ", str1[0])
4	print ("str2[1:5]: ", str2[1:5])

以上实例输出结果如下：

str1[0]:　H
str2[1:5]:　unoo

2. 求字符串长度

用 len()可以直接返回字符串长度，其返回类型为整型。

【例5-5】len()应用

| 1 | str1= 'Hello World!' |
| 2 | print ("str1 的长度: ", len(str1)) |

以上实例输出结果如下：

str1 的长度:　12

3. 字符串更新

可以截取字符串的一部分，并与其他字段进行拼接。

【例5-6】字符串的截取与拼接

| 1 | str1= 'Hello World!' |
| 2 | print ("更新后字符串 : ", str1[:6] + 'Weng!') |

以上实例输出结果如下：

更新后字符串 ：　Hello Weng!

4. 字符串替换

replace()可支持字符串中的部分内容替换，如【例 5-7】将字符串"AACBBBCAA"中的"BBB"替换为"AAA"。

【例5-7】字符串替换

| | print('AACBBBCAA'.replace('BBB','AAA')) |

以上实例输出结果如下：

AACAAACAA

5. 在字符串中查找子串并返回子串的起始位置

【例5-8】在字符串中查找子串

```
print ("DerisWeng".find("Weng"))
```

以上实例输出结果如下：

```
5
```

这里表示"Weng"在"DerisWeng"中第 5 个字符开始的地方被找到。

6. 大小写转换

【例 5-9】字符串大小写转换

```
1  strU= "DerisWeng".upper()
2  print(strU)
3  strL = strU.lower()
4  print(strL)
```

以上实例输出结果如下：

```
DERISWENG
derisweng
```

7. 去空格

【例 5-10】去掉两边的空格

```
print("   Hello,Deris,Weng    ".strip())
```

以上实例输出结果如下：

```
Hello,Deris,Weng
```

【例 5-11】只去掉左边的空格

```
print("   Hello,Deris,Weng    ".lstrip())
```

以上实例输出结果如下：

```
Hello,Deris,Weng
```

注意：结果中"Weng"的后面有几个空格，由于印刷的原因，可能肉眼看不出来。

【例 5-12】只去掉右边的空格

```
print("   Hello,Deris,Weng    ".rstrip())
```

以上实例输出结果如下：

```
Hello,Deris,Weng
```

注意：结果中"Hello"的前面有几个空格。

8. 按标志分隔字符串

Python 中还提供了字符串分隔功能，在数据清洗与预处理时，经常会用到按标志分隔字符串的功能。用 split（分隔标志字符）将字符串分隔成若干部分，并将分隔结果放入列表中。

【例 5-13】用逗号分隔字符串

```
print("Hello,Deris,Weng".split(","))
```

以上实例输出结果如下:

['Hello', 'Deris', 'Weng']

【例 5-14】用指定字符分隔字符串

```
print("Hello,Deris,Weng".split("e"))
```

以上实例输出结果如下:

['H', 'llo,D', 'ris,W', 'ng']

5.2.3 字符串运算符

字符串支持的常用运算符如表 5-1 所示。

表 5-1 字符串支持的常用运算符

运算符	描述
+	字符串连接
*	字符串倍增
[]	通过索引获取字符串中的字符
[:]	截取字符串中的一部分
in	如果字符串中包含给定的字符,则返回 True
not in	如果字符串中不包含给定的字符,则返回 True
r/R	原始字符串:所有的字符串都直接按照字面的意思来使用,没有转义特殊或不能打印的字符。原始字符串除在字符串的第一个引号前加上字母 "r"(大小写均可)以外,与普通字符串有着几乎完全相同的语法
%	格式字符串(具体实例将在 5.2.5 节中介绍)

【例 5-15】字符串的常用运算

1	a = "Deris"
2	b = "Weng"
3	print("a + b 输出结果: ", a + b)
4	print("a * 2 输出结果: ", a * 2)
5	print("a[1] 输出结果: ", a[1])
6	print("a[1:4] 输出结果: ", a[1:4])
7	if("D" in a) :
8	print("D 在字符串 a 中")
9	else :
10	print("D 不在字符串 a 中")
11	if("W" not in a) :
12	print("W 不在字符串 a 中")

13	else :
14	print("M 在字符串 a 中")
15	print (r'\n')
16	print (R'\n')

以上实例输出结果如下：

```
a + b 输出结果：   DerisWeng
a * 2 输出结果：   DerisDeris
a[1] 输出结果：   e
a[1:4] 输出结果：  eri
D 在字符串 a 中
W 不在字符串 a 中
\n
\n
```

5.2.4 字符串内建函数

Python 的字符串常用内建函数如表 5-2 所示。

表 5-2　Python 的字符串常用内建函数

函　　数	描　　述
capitalize()	将字符串的第一个字符转换为大写
center(width, fillchar)	返回一个指定宽度为 width 的居中的字符串，fillchar 为填充的字符，默认为空格
count(str, beg= 0,end=len(string))	返回 str 在 string 里出现的次数，如果 beg 或 end 指定，则返回指定范围内 str 出现的次数
bytes.decode(encoding="utf-8", errors= "strict")	Python 3 中没有 decode 方法，但可以使用 bytes 对象的 decode() 方法来解码给定的 bytes 对象，这个 bytes 对象可以由 str.encode() 来编码返回
encode(encoding='UTF-8',errors='strict')	以 encoding 指定的编码格式编码字符串，如果出错，则默认报一个 ValueError 的异常，除非 errors 指定的是'ignore'或'replace'
endswith(suffix, beg=0, end=len(string))	检查字符串是否以 obj 结束，如果 beg 或 end 指定了范围，则检查在该范围内是否以 obj 结束。如果是，则返回 True，否则返回 False
expandtabs(tabsize=8)	把字符串 string 中的 tab 符号转换为空格，tab 符号默认的空格数是 8
find(str, beg=0 end=len(string))	检查 str 是否包含在字符串中，如果 beg 和 end 已指定范围，则检查是否包含在该指定范围内，如果是，则返回开始的索引值，否则返回-1
index(str, beg=0, end=len(string))	与 find()方法一样，只是如果 str 不在字符串中，则会报一个异常
isalnum()	如果字符串至少有一个字符并且所有字符都是字母或数字，则返回 True，否则返回 False
isalpha()	如果字符串至少有一个字符并且所有字符都是字母，则返回 True，否则返回 False
isdigit()	如果字符串只包含数字，则返回 True，否则返回 False
islower()	如果字符串中包含至少一个区分大小写的字符，并且所有这些（区分大小写的）字符都是小写，则返回 True，否则返回 False
isnumeric()	如果字符串中只包含数字字符，则返回 True，否则返回 False

续表

函　　数	描　　述
isspace()	如果字符串中只包含空白，则返回 True，否则返回 False
istitle()	如果字符串是标题化的（见 title()）则返回 True，否则返回 False
isupper()	如果字符串中包含至少一个区分大小写的字符，并且所有这些（区分大小写的）字符都是大写，则返回 True，否则返回 False
join(seq)	以指定字符串作为分隔符，将 seq 中所有的元素（字符串表示）合并为一个新的字符串
len(string)	返回字符串长度
ljust(width[, fillchar])	返回一个原字符串左对齐，并使用 fillchar 填充至长度 width 的新字符串，fillchar 默认为空格
lower()	转换字符串中的所有大写字符为小写
lstrip()	截取字符串左边的空格或指定字符
maketrans()	创建字符映射的转换表，对于接收两个参数的最简单调用方式是，第 1 个参数是字符串，表示需要转换的字符；第 2 个参数也是字符串，表示转换的目标
max(str)	返回字符串 str 中最大的字母
min(str)	返回字符串 str 中最小的字母
replace(old, new [, max])	将字符串中的 old 替换成 new，如果 max 指定，则替换不超过 max 次
rfind(str, beg=0,end=len(string))	类似于 find()，但是从右边开始查找
rindex(str, beg=0, end=len(string))	类似于 index()，但是从右边开始
rjust(width,[, fillchar])	返回一个原字符串右对齐，并使用 fillchar（默认空格）填充至长度 width 的新字符串
rstrip()	删除字符串末尾的空格
split(str="", num=string.count(str))	num=string.count(str) 以 str 为分隔符截取字符串，如果 num 有指定值，则仅截取 num 个子字符串
splitlines([keepends])	按照行 ('\r', '\r\n', '\n') 分隔，返回一个包含各行作为元素的列表。如果参数 keepends 为 False，则不包含换行符。如果为 True，则保留换行符
startswith(str, beg=0,end=len(string))	检查字符串是否以 obj 开头，如果是，则返回 True,否则返回 False。如果 beg 和 end 为指定值，则在指定范围内检查
strip([chars])	在字符串上执行 lstrip()和 rstrip()
swapcase()	将字符串中的大写转换为小写、小写转换为大写
title()	返回"标题化"的字符串，即所有单词都是以大写开始，其余字母均为小写（见 istitle()）
translate(table, deletechars="")	根据 str 给出的表（包含 256 个字符）转换 string 的字符，要把过滤掉的字符放到 deletechars 参数中
upper()	转换字符串中的小写字母为大写
zfill (width)	返回长度为 width 的字符串，原字符串右对齐，前面填充 0
isdecimal()	检查字符串是否只包含十进制字符，如果是，则返回 True，否则返回 False

上述部分内建函数已进行了详细的示例说明，由于篇幅的原因，此处不再赘述。

5.2.5 字符串格式化符号（%）

Python 支持字符串格式化的输出。它的最基本用法是将一个值插入一个有字符串格式化符号（%）的字符串中。

Python 的字符串格式化符号如表 5-3 所示。

表 5-3 Python 的字符串格式化符号

符　号	描　　述
%c	格式化字符及其 ASCII 码
%s	格式化字符串
%d	格式化整数
%u	格式化无符号整型数
%o	格式化无符号八进制数
%x	格式化无符号十六进制数
%X	格式化无符号十六进制数（大写）
%f	格式化浮点数字，可指定小数点后的精度
%e	用科学记数法格式化浮点数
%E	用科学记数法格式化浮点数，作用同%e
%g	%f 和%e 的简写
%G	%f 和%E 的简写
%p	用十六进制数格式化变量的地址

【例 5-16】字符串格式化符号（%s）的应用

```
print("我叫%s,今年%d 岁。" % ('DerisWeng', 18))
```

以上实例输出结果如下：

我叫 DerisWeng,今年 18 岁。

字符串格式化符号（%f）可指定小数点后的精度。

【例 5-17】字符串格式化符号（%f）的应用

```
1    price = 108.8528
2    print("该商品的售价为：%.2f" % price)
```

以上实例输出结果如下：

该商品的售价为：108.85

5.2.6 字符串格式化（format 函数）

Python 还提供了格式化字符串的函数 str.format()，它增强了字符串格式化的功能。

它的基本语法是通过 {} 和 : 来代替 5.2.5 节中的字符串格式化符号（%）。
str.format()格式化数字的方法如表 5-4 所示。

表 5-4 str.format()格式化数字的方法

格　　式	描　　述
{:.2f}	保留小数点后两位
{:+.2f}	带符号保留小数点后两位
{:.0f}	不带小数
{:0>2d}	数字补 0（填充左边，宽度为 2）
{:x<4d}	数字补 x（填充右边，宽度为 4）
{:,}	以逗号分隔的数字格式
{:.2%}	百分比格式
{:.2e}	指数记法
{:10d}	右对齐（默认宽度为 10）
{:<10d}	左对齐（宽度为 10）
{:^10d}	中间对齐（宽度为 10）
'{:b}'.format(num)	二进制
'{:d}'.format(num)	十进制
'{:o}'.format(num)	八进制
'{:x}'.format(num)	十六进制
'{:#x}'.format(num)	十六进制，展示类似于 0x11
'{:#X}'.format(num)	十六进制，展示类似于 0X11

提示：
（1）^、<、> 分别表示居中、左对齐、右对齐，后面带宽度。
（2）: 后面带填充的字符，只能是一个字符，若不指定则默认用空格填充。
（3）+ 表示在正数前显示+，负数前显示-；空格表示在正数前加空格。
（4）b、d、o、x 分别表示二进制、十进制、八进制、十六进制。
（5）format()可以接收无限个参数，位置可以不按顺序。

【例 5-18】format()应用

1	s = 'DerisWeng'
2	# 占位符{}，默认顺序
3	print ('{} {}'.format('one', 'two'))
4	print('我的姓名为{},年龄{}岁,爱好{}'.format('DerisWeng','18','dancing'))
5	# 占位符{}，指定顺序
6	print ('{1} {0}'.format('one', 'two'))
7	print('我的姓名为{0},年龄{1}岁,爱好 {2}'.format('DerisWeng','18','dancing'))
8	# 默认左对齐，占 30 个字符
9	print ('{:30}'.format(s))
10	# 默认左对齐，占 30 个字符，此处逗号表示两个字符串按顺序显示
11	print ('{:30}'.format(s),'abc')
12	# 右对齐，占 30 个字符

13	print ('{:>30}'.format(s))
14	# 填充字符为-，^表示以居中方式显示，所有字符占 30 个位置
15	print ('{:-^30}'.format(s))
16	# 填充字符为-，>表示以靠右方式显示，所有字符占 20 个位置
17	# 填充符号可以是符号、数字和字母
18	print ('{:->20}'.format(s))
19	# 填充字符为+，<表示以靠左方式显示，所有字符占 20 个位置
20	print ('{:+<20}'.format(s))
21	# 填充字符为 q，<表示以靠左方式显示，所有字符占 20 个位置
22	print ('{:q<20}'.format(s))
23	# 填充字符为 1，<表示以靠左方式显示，所有字符占 20 个位置
24	print ('{:1<20}'.format(s))
25	# 填充字符为*，>表示以靠右方式显示，所有字符占 20 个位置
26	print ('{:*>20}'.format(s))
27	# 保留小数点后两位
28	print ('{:.2f}'.format(12345678))
29	# 千分位分隔
30	print ('{:,}'.format(12345678))
31	# 0 表示 format 中的索引号 index
32	print ('{0:b},{0:c},{0:d},{0:o},{0:x}'.format(42))
33	# 0 对应 42，1 对应 50
34	print ('{0:b},{1:c},{0:d},{1:o},{0:x}'.format(42,50))
35	# 默认 index 为 0
36	print ('{:b}'.format(42))
37	# 字符串 s 的最大输出长度为 2
38	print ('{:.2}'.format(s))
39	# 中文
40	print("{:好<20}".format(s))

以上实例输出结果如下：

```
one two
我的姓名为 DerisWeng,年龄 18 岁,爱好 dancing
two one
我的姓名为 DerisWeng,年龄 18 岁,爱好 dancing
DerisWeng
DerisWeng                    abc
                    DerisWeng
----------DerisWeng----------
----------DerisWeng
DerisWeng+++++++++++
DerisWengqqqqqqqqqqq
DerisWeng11111111111
***********DerisWeng
12345678.00
12,345,678
101010,*,42,52,2a
101010,2,42,62,2a
```

```
101010
De
DerisWeng 好好好好好好好好好好
```

【例 5-19】 千分位、浮点数、填充字符、对齐的组合使用

1	#:冒号+空白填充+右对齐+固定宽度 18+浮点精度.2+浮点数声明 f
2	print ('{:>18,.2f}'.format(70305084.0))

以上实例输出结果如下：

```
'     70,305,084.00'
```

【例 5-20】 复杂数据格式化—— 列表数据

1	data = [4, 8, 15, 16, 23, 42]
2	print ('{d[4]} {d[5]}'.format(d=data))

以上实例输出结果如下：

```
23  42
```

【例 5-21】 复杂数据格式化—— 字典数据

1	class Plant(object):
2	type = 'Student'
3	kinds = [{'name': 'Deris'}, {'name': 'Christopher'}]
4	
5	print ('{p.type}: {p.kinds[0][name]}'.format(p=Plant()))

以上实例输出结果如下：

Student: Deris

【例 5-22】 通过字典设置参数

1	data = {'first': 'Hodor', 'last': 'Hodor!', 'last2': 'Hodor2!'}
2	print ('{first} {last} {last2}'.format(**data))
3	# format(**data) 等价于 format(first='Hodor',last='Hodor!',last2='Hodor2!')

以上实例输出结果如下：

Student: Deris

【例 5-23】 通过列表索引设置参数

1	my_list = ['Python', 'www.Python.com']
2	print("网站名：{0[0]}，地址 {0[1]}".format(my_list))

以上实例输出结果如下：

网站名：Python，地址 www.Python.com

【例 5-24】 控制长度的两种等效做法

1	print ('{:.{}}'.format('DerisWeng', 7))
2	# 等价于
3	print ('{:.7}'.format('DerisWeng'))

以上实例输出结果如下：

DerisWe
DerisWe

【例 5-25】 使用花括号 {} 来转义花括号

1	print ("{} 对应的位置是 {{0}}".format("Deris"))

以上实例输出结果如下：

Deris 对应的位置是 {0}

5.2.7 字符串切片（截取）

切片的含义是从一个集合中挑选出需要的子集。列表、元组和字符串都支持切片运算。

【例 5-26】 a 和 b 为参数。从字符串指针为 m 的地方开始截取字符，到 n 的前一个位置（因为不包含 b）

1	str1 = "Deris Weng"
2	print(str1[2: 5])

以上实例输出结果如下：

ris

可以使用默认风格的下标，如下例所示。

【例 5-27】 如果 m 和 n 均不填写，则默认取全部字符，即下面这两个打印结果是一样的

1	str1 = "Deris Weng"
2	print(str1 [:])
3	print(str1)

以上实例输出结果如下：

Deris Weng
Deris Weng

【例 5-28】 如果 m 填写，n 不填写（或填写的值大于指针下标），则默认从 m 开始截取，至字符串最后一位

1	str1 = "Deris Weng"
2	print(str1 [3:])

以上实例输出结果如下：

is Weng

【例 5-29】如果 m 不填写，n 填写，则默认从 0 位开始截取，至 b 的前一位

| 1 | str1 = "Deris Weng" |
| 2 | print(str1[: 8]) |

以上实例输出结果如下：

Deris We

可以使用"倒数第 N 个元素"风格的下标，如下例所示。

【例 5-30】如果 m 为负数，则默认从尾部某一位开始向后截取

| 1 | str1 = "Deris Weng" |
| 2 | print(str1[-2:]) |

以上实例输出结果如下：

ng

【例 5-31】如果 m>=n，默认输出为空

1	str1 = "Deris Weng"
2	print(str1[3: 3])
3	print(str1[3: 2])

以上实例输出结果为空。

还可以在引用中使用两个冒号，如"L:M:N"，表示从 L 开始到 M，每隔 N 个元素取值。

【例 5-32】使用两个冒号

| 1 | str1 = "Deris Weng" |
| 2 | print(str1[2:-1:2]) |

以上实例输出结果如下：

rsWn

从第 2 个元素开始到倒数第 1 个元素，每两个元素打印一个 str1 中的字符。

对于"L:M:N"格式，还可以不指定 L 与 M 的值，那么操作的对象就是整个字符串。

【例 5-33】不指定 L 与 M 的值，操作整个字符串

| 1 | str1 = "Deris Weng" |
| 2 | print(str1[::2]) |

以上实例输出结果如下：

DrsWn

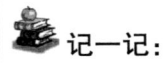

> **记一记:**
>
> 若第一个冒号两边都是空的,则空的含义是整个字符串。由于字符串处理表达式要比字符串处理函数更有效率,因此在字符串处理方面为开发人员提供了很大便利。
>
> 切片操作返回的是和被切片对象相同类型对象的副本,切片运算不会改变数据类型的规律,字符串的切片还是字符串。

5.2.8 转义字符

如果需要在字符中使用特殊字符,就可以在 Python 中使用转义字符,如表 5-5 所示。

表 5-5　Python 中的转义字符

转义字符	描述
\	续行符(注意\放在行尾)
\\	反斜杠符号
\'	单引号
\"	双引号
\a	响铃
\b	退格
\e	转义
\000	空
\n	换行
\v	纵向制表符
\t	横向制表符
\r	回车
\f	换页
\oyy	八进制数,yy 代表字符,如\o12 代表换行
\xyy	十六进制数,yy 代表字符,如\x0a 代表换行
\other	其他的字符以普通格式输出

转义字符\可以转义很多字符,如\n 表示换行,\t 表示横向制表符。由于字符\本身也要转义,所以\\表示的字符就是\。可以在 Python 的交互式命令行用 print()打印字符串,如下例所示。

【例 5-34】转义字符\'的应用

```
print('I\'m ok.')
```

输出结果如下:

I'm ok.

【例 5-35】转义字符\n 的应用

```
print('I\'m learning\nPython.')
```

输出结果如下：

I'm learning
Python.

【例 5-36】转义字符\\的应用

```
print('\\\n\\')
```

输出结果如下：

\
\

5.2.9 文件的打开方式

在 5.1.2 节的案例中，我们已经介绍了 Python 可以利用 open 函数打开文件。open 函数中，参数 "r" 的含义是以只读方式打开文件；"w" 的含义是以只写方式打开文件；"a" 的含义是以 "添加" 方式打开文件。此外，Python 还提供了其他参数，如表 5-6 所示。表中带 "b" 的表示以二进制格式打开，不带 "b" 的均为以文本方式打开。

表 5-6 文件的打开方式

方 式	描 述
r	以只读方式打开文件，文件的指针将会放在文件的开头。这是默认方式
rb	以二进制格式打开一个文件，用于只读。文件指针将会放在文件的开头。这是默认方式
r+	打开一个文件，用于读/写。文件指针将会放在文件的开头
rb+	以二进制格式打开一个文件，用于读/写。文件指针将会放在文件的开头
w	打开一个文件，只用于写入。如果该文件已存在，则将其覆盖；如果该文件不存在，则创建新文件
wb	以二进制格式打开一个文件，只用于写入。如果该文件已存在，则将其覆盖；如果该文件不存在，则创建新文件
w+	打开一个文件，用于读/写。如果该文件已存在，则将其覆盖；如果该文件不存在，则创建新文件
wb+	以二进制格式打开一个文件，用于读/写。如果该文件已存在，则将其覆盖；如果该文件不存在，则创建新文件
a	打开一个文件，用于追加。如果该文件已存在，则文件指针将会放在文件的结尾，也就是说，新的内容将会被写入已有内容之后；如果该文件不存在，则创建新文件用于写入
ab	以二进制格式打开一个文件，用于追加。如果该文件已存在，则文件指针将会放在文件的结尾，也就是说，新的内容将会被写入已有内容之后；如果该文件不存在，则创建新文件用于写入
a+	打开一个文件，用于读/写。如果该文件已存在，则文件指针将会放在文件的结尾，文件打开时是追加模式；如果该文件不存在，则创建新文件用于读/写
ab+	以二进制格式打开一个文件，用于读/写。如果该文件已存在，则文件指针将会放在文件的结尾；如果该文件不存在，则创建新文件用于读/写

【例 5-37】 将字符串写入文件 test.txt 中

1	# 打开一个文件
2	f = open("test.txt", "w")
3	f.write("我的名字叫 DerisWeng。\n 让我们一起开启 Python 编程之旅！\n")
4	# 关闭打开的文件
5	f.close()

执行完后，打开文件 test.txt，显示如下：

> 我的名字叫 DerisWeng。
> 让我们一起开启 Python 编程之旅！

5.2.10 使用文件对象的各种方法

本节中的例子是在 5.2.9 节的基础上，假设已经创建了一个名称为 f 的文件对象。

1. f.read()

为了读取一个文件的内容，需要调用 f.read(size)，这将读取一定数目的数据，然后作为字符串或字节对象返回。

size 是一个可选的数字类型的参数。使用 f.read(size) 从文件当前位置起读取 size 字节，若无参数 size 或其为负，则表示读取至文件结束为止，并返回字符串对象。

以下实例假定文件 test.txt 已存在（在【例 5-37】中已创建）。

【例 5-38】 使用 f.read() 的方法

1	# 打开一个文件
2	f = open("test.txt", "r")
3	str = f.read()
4	print(str)
5	# 关闭打开的文件
6	f.close()

以上实例输出结果如下：

> 我的名字叫 DerisWeng。
> 让我们一起开启 Python 编程之旅！

【例 5-39】 使用 f.read(size) 的方法

1	# 打开一个文件
2	f = open("test.txt", "r")
3	str = f.read(2)
4	print(str)
5	# 关闭打开的文件
6	f.close()

以上实例输出结果如下：

我的

2. f.readline()

f.readline() 会从文件中读取单独的一行，其换行符为 '\n'。由于它每次只读取一行内容，所以，读取时所占用的内存小，比较适合大文件。它返回的也是字符串对象。

【例5-40】使用 f.readline ()读取一行

1	# 打开一个文件
2	f = open("test.txt", "r")
3	str = f.readline()
4	print(str)
5	# 关闭打开的文件
6	f.close()

以上实例输出结果如下：

我的名字叫 DerisWeng。

【例5-41】使用 f.readline ()读取多行

1	# 打开一个文件
2	f = open("test.txt", "r")
3	line = f.readline()
4	while line:
5	print(line, end='')
6	line = f.readline()
7	# 关闭打开的文件
8	f.close()

以上实例输出结果如下：

我的名字叫 DerisWeng。
让我们一起开启 Python 编程之旅！

3. f.readlines()

使用 f.readlines()将返回该文件中包含的所有行。它能够读取整个文件的所有行，并将其保存在一个列表变量中，每行作为一个元素。它读取大文件时会比较占内存。

如果设置可选参数 sizehint，则会读取指定长度的字节，并且将这些字节按行分割。

【例5-42】使用 f.readlines ()读行

1	# 打开一个文件
2	f = open("test.txt", "r")
3	str = f.readlines()
4	print(str)
5	# 关闭打开的文件
6	f.close()

以上实例输出结果如下：

['我的名字叫 DerisWeng。\n', '让我们一起开启 Python 编程之旅！\n']

【例 5-43】利用 f.readlines () 遍历读行

1	# 打开一个文件
2	f = open("test.txt", "r")
3	lines = f.readlines()
4	for line in lines:
5	print(line, end='')
6	f.close()

以上实例输出结果如下：

我的名字叫 DerisWeng。
让我们一起开启 Python 编程之旅！

还有一种方式是先迭代一个文件对象，再读取每行。

【例 5-44】迭代读取每行

1	# 打开一个文件
2	f = open("test.txt", "r")
3	for line in f:
4	print(line, end='')
5	# 关闭打开的文件
6	f.close()

以上实例输出结果如下：

我的名字叫 DerisWeng。
让我们一起开启 Python 编程之旅！

4. f.write()

先使用 f.write(string) 将 string 写入文件中，再返回写入的字符数。

【例 5-45】写入字符

1	# 打开一个文件
2	f = open("test.txt", "w")
3	str1= f.write("我的名字叫 DerisWeng。\n 让我们一起开启 Python 编程之旅！\n")
4	print(str1)
5	# 关闭打开的文件
6	f.close()

以上实例输出结果如下：

35

如果要写入一些非字符串的内容，则需要先进行转换。

【例 5-46】写入非字符串前先进行转换

1	# 打开一个文件
2	f = open("test2.txt", "w")
3	value = ('www.Python.com', 100)
4	s = str(value)
5	f.write(s)
6	# 关闭打开的文件
7	f.close()

执行完后，打开文件 test2.txt，显示如下：

('www.Python.com', 100)

5. f.close()

当处理完文件后，可调用 f.close()关闭文件并释放系统资源。关闭后如果尝试再调用该文件，则会抛出异常。

【例 5-47】关闭文件后再调用就会抛出异常

1	# 代码省略
2	f.close()
3	f.read()

以上实例输出结果如下：

Traceback (most recent call last):
　　File " test2.py", line3, in <module>
　　　　f.read()
ValueError: I/O operation on closed file.

当处理一个文件对象时，使用 with 关键字是一个非常好的方式，它会在结束后帮程序自动关闭文件。

【例 5-48】with 关键字的使用

1	with open('test.txt', 'r') as f:	
2	read_data = f.read()	
3	f.closed	# 判断文件 f 是否已经关闭

以上实例输出结果如下：

True

文件对象还有其他方法，限于篇幅不再进行罗列了。

5.2.11　常用的文件、目录操作函数

在对文件操作的过程中，我们还需要对文件系统进行操作，如打开某文件前需要确定当前

目录中是否包含想要打开的文件。在使用这些工具时需要引入 os.py，常用的文件和目录函数如下。

1. 获得当前目录的名称

```
import os
os.getcwd()            #该函数的返回值是当前的绝对路径
```

2. 获得当前目录的文件和子目录列表

```
import os
os.listdir(path_str)
```

listdir(path_str)的返回值是一个列表，列表中包含路径 path_str（字符串变量）下所有文件和目录的名称。

3. 文件删除和异常处理

```
import os
os.remove("file_name")
```

remove()用来删除"file_name"字符串所指定的文件，但是如果 file_name 所指定的文件名称不存在，就会出现错误。

【例 5-49】remove()的错误使用

```
1  import os
2  print(os.remove("AAA"))
```

输出结果如下：

```
Traceback(most recent call last):
File "test2.py",line 1,in <module>
FileNotFoundError: [WinError 2]  系统找不到指定的文件: 'AAA'
```

程序中有一些代码执行是有风险的，会导致程序不能成功地执行。开发人员对这种"异常"应当有所预见，在适当的时候捕获异常，并提供解决方案。和大多数其他语言一样，Python 也提供了"异常处理"机制，这个机制可以捕获风险，使开发人员能够根据风险类型确定程序的流程。

【例 5-50】异常处理

```
1  import os
2  try:
3      os.remove("AAA ")
4  except(OSError):
5      print("有错误，文件找不到！")
6  print("程序继续执行……")
```

输出结果如下：

```
有错误，文件找不到！
程序继续执行……
```

如果找不到文件"AAA"则会触发"异常",但不会中止程序,而是进行错误处理后返回程序流程。

4. 文件改名
【例 5-51】文件改名

1	import os
2	os.rename("old_file_name", "new_file_name")

rename()的功能是将文件的旧名称改成新名称。

5.2.12　工作手册页:字符串的知识要点

学习记录:_____

_____

_____

_____

_____

_____

_____

_____

_____

_____

_____

_____

关键知识点

1. 掌握字符串的基础知识。
2. 掌握字符串的写法、操作、运算符和格式化等内容。

(1) 字符串的写法:字符串可以用单引号('')和双引号("")标识,对于跨行的字符串可以用"三引号"(三个单引号''' 或三个双引号""")标识。

(2) 字符串的操作:①求字符串长度;②访问字符串中的值;③字符串的截取与拼接;④字符串替换;⑤在字符串中查找子串,并返回子串的起始位置;⑥大小写转换;⑦去空格;⑧按标志分隔字符串。

(3) 字符串支持的常用运算符:+、*、[]、[:]、in、not in、r/R、%。

(4) 字符串格式化(%)(format 函数)。

5.2.13 工作手册页：文件的知识要点

学习记录：_____

_____

_____

_____

_____

_____

_____

_____

_____

_____

关键知识点

1. 掌握文件的基础知识。
2. 掌握文件的各种用法，如文件的打开、读、写、关闭等。

文本文件读/写工具函数包括以下内容。

（1）f.read()：为了读取一个文件的内容，先要调用 f.read(size)读取一定数目的数据，然后作为字符串或字节对象返回。

（2）f.readline()：可从文件中读取单独的一行，换行符为'\n'。

（3）f.readlines()：将返回该文件包含的所有行。

（4）f.write()：先使用 f.write(string)将 string 写入文件中，再返回写入的字符数。

（5）f.close()：当处理完文件后，可调用 f.close()关闭文件并释放系统资源。

针对文件知识点的内容，读者可先结合各案例进行说明讲解，再通过提问进行巩固。

5.3 小结与习题

5.3.1 小结

在输入、输出、文本文件读/写方面，字符串是最直观的数据。5.1.1 节案例对第 4 章猜数游戏案例中的字符串拼接进行优化，将游戏中的日志信息转化成字符串形式，为后续将日志文件存储到文本文件中做准备。5.1.2 节案例利用构建文件读/写工具函数 FileTools 来存储游戏过程日志。

字符串是 Python 语言的一个常用数据类型，也是存储信息的一种便捷方式，可以将字符串保存到文本文件中，方便数据的物理存储。常见的方式是将其他数据类型转换成字符串类型，然后将字符串保存到文本文件中。

字符串由成对单引号、双引号或跨行三引号语法构成，其支持转义、八进制、十六进制或Unicode格式字符。用单引号还是双引号并没有特殊的限制。如果文本内引用文字使用双引号，那么外面用单引号就可避免转义，更易阅读。通常情况下，建议遵循多数编程语言的惯例，使用双引号进行标示。除单引号在英文句法里的特殊用途外，它还常用来表示单个字符。

通过本章对字符串和文件相关知识的学习，读者不但可以学会字符串的写法，还能利用字符串进行一些操作，如访问字符串中的值、计算字符串的长度、在字符串中取出子串等，并且能够利用文件存储字符串，掌握文本文件的读/写操作的基本方法和步骤。同时通过实例的训练，读者将学会字符串内建函数的方法，利用函数打开文件，以及一些特殊字符的使用方法。

5.3.2 习题

1. 列举几个 Python 常用的字符串操作。
2. Python 提供了哪几种字符串格式化的方法？请举例说明。
3. Python 提供的文件操作有哪些？请举例说明。
4. 文本文件导入时，"r"和"w"有何区别？

5.4 课外拓展

云计算（Cloud Computing）是分布式计算（Distributed Computing）、并行计算（Parallel Computing）、效用计算（Utility Computing）、网络存储（Network Storage Technologies）、虚拟化（Virtualization）、负载均衡（Load Balancing）、热备份冗余（High Available）等传统计算机和网络技术发展融合的产物。

云计算基于互联网相关服务的增加、使用和交付模式，涉及通过互联网提供动态易扩展，并且是虚拟化的资源。

美国国家标准与技术研究院（NIST）定义：云计算是一种按使用量付费的模式，这种模式能够提供可用的、便捷的、按需的网络访问，进入可配置的计算资源共享池（资源包括网络、服务器、存储、应用软件、服务）。这些资源能够被快速提供，只需投入很少的管理工作，或者与服务供应商进行很少的交互。XenSystem、Intel 和 IBM 等企业的各种云计算应用服务范围正日渐扩大，其影响力不可估量。

由于云计算应用的不断深入，以及对大数据处理需求的不断扩大，用户对性能强大、可用性高的 4 路、8 路服务器需求出现明显提速，这个细分产品的同比增速超过 200%。

浪潮集团仅以天梭 TS850 一款产品就在 2011 年实现了超过 15%的市场占有率，以不到 1%的差距排名 IBM 公司和 HP 公司之后，位列中国高端服务器三强。

1983 年，太阳计算机系统公司（Sun Microsystems）提出"网络是计算机"（The Network is the Computer）的理念；2006 年 3 月，亚马逊公司（Amazon）推出弹性计算云（Elastic Computing Cloud，EC2）服务。

2006 年 8 月 9 日，Google 公司首席执行官埃里克·施密特（Eric Schmidt）在搜索引擎大会（SES San Jose 2006）上首次提出"云计算"（Cloud Computing）的概念。Google 公司的"云

端计算"源于 Google 工程师克里斯托弗·比希利亚所做的"Google 101"项目。

2007 年 10 月，Google 公司与 IBM 公司开始在美国大学校园，包括卡内基梅隆大学、麻省理工学院、斯坦福大学、加州大学伯克利分校及马里兰大学等，推广云计算的计划，这项计划希望能降低分布式计算技术在学术研究方面的成本，并为这些大学提供相关的软/硬件设备及技术支持（包括数百台 PC 及 BladeCenter 与 System x 服务器，这些计算平台将提供 1600 个处理器，支持包括 Linux、Xen、Hadoop 等开放源代码平台），使学生可以通过网络开发各项以大规模计算为基础的研究计划。

2008 年 1 月 30 日，Google 公司宣布在中国台湾启动"云计算学术计划"，与交通大学等学校合作，将这种先进的大规模、快速云计算技术推广到校园。

2008 年 2 月 1 日，IBM 公司（NYSE: IBM）宣布在中国无锡太湖新城科教产业园为中国的软件公司建立全球第一个云计算中心（Cloud Computing Center）。

2008 年 7 月 29 日，Yahoo 公司、HP 公司和 Intel 公司宣布一项涵盖美国、德国和新加坡的联合研究计划，推出云计算研究测试床，推进云计算。该计划要与合作伙伴创建 6 个数据中心作为研究试验平台，每个数据中心配置 1400～4000 个处理器。这些合作伙伴包括新加坡资讯通信发展管理局、德国卡尔斯鲁厄大学 Steinbuch 计算中心、美国伊利诺伊大学香槟分校、英特尔研究院、惠普实验室和雅虎公司。

2008 年 8 月 3 日，美国专利商标局网站信息显示，戴尔正在申请"云计算"（Cloud Computing）商标，此举旨在加强对这个未来可能重塑技术架构的术语的控制权。

2010 年 3 月 5 日，Novell 与云安全联盟（CSA）共同宣布一项供应商中立计划，名为"可信任云计算计划"（Trusted Cloud Initiative）。

2010 年 7 月，美国国家航空航天局和包括 Rackspace、AMD、Intel、戴尔等企业在内的支持厂商共同宣布"OpenStack"开放源代码计划，微软公司在 2010 年 10 月表示支持 OpenStack 与 Windows Server 2008 R2 的集成，而 Ubuntu 系统已把 OpenStack 加至 11.04 版本中。

2011 年 2 月，思科系统正式加入 OpenStack，重点研制 OpenStack 的网络服务。

云计算是将计算分布在大量的分布式计算机上，而非本地计算机或远程服务器中，使企业数据中心的运行与互联网更相似。这使得企业能够将资源切换到需要的应用上，根据需求访问计算机和存储系统。

类似于从古老的单台发电机模式转向电厂集中供电的模式。它意味着计算能力也可以作为一种商品进行流通，就像煤气、水电一样，取用方便，费用低廉。但其传输方式是通过互联网进行的。

被普遍接受的云计算特点如下。

1. 超大规模

"云"具有相当的规模，Google 公司的云计算已经拥有 100 多万台服务器，Amazon、IBM、微软、Yahoo 等企业的"云"均拥有几十万台服务器。"云"能赋予用户前所未有的计算能力。

2. 虚拟化

云计算支持用户在任意位置、使用各种终端获取应用服务，所请求的资源来自"云"，而不是固定的、有形的实体。应用在"云"中某处运行，但实际上用户无须了解、也不用担心应用运行的具体位置，只需要一台笔记本电脑或一个手机，就可以通过网络服务来实现需要，甚至包括超级计算这样的任务。

3. 高可靠性

"云"使用了数据多副本容错、计算节点同构可互换等措施来保障服务的高可靠性,由此使用云计算比使用本地计算机更可靠。

4. 通用性

云计算不针对特定的应用,在"云"中可以构造出千变万化的应用,同一个"云"可以同时进行不同的应用运行。

5. 高可扩展性

"云"的规模可以动态伸缩,以满足应用和用户规模增长的需要。

6. 按需服务

"云"是一个庞大的资源池,用户可按需购买,它可以像自来水、电、煤气那样计费。

7. 极其廉价

由于"云"的特殊容错措施可使其用极其廉价的节点构成,所以使大量企业无须负担日益高昂的数据中心管理成本。"云"的通用性使资源的利用率较之传统系统大幅提升,因此用户可以充分享受"云"的低成本优势,经常只要花费几百美元、用几天时间就能完成以前需要数万美元、数月时间才能完成的任务。

虽然云计算可以改变人们未来的生活,但也要重视环境问题,这样才能真正为人类进步做贡献,而不是简单的技术提升。

8. 潜在的危险性

云计算除提供计算服务外,还能提供存储服务。但是云计算服务当前垄断在私人机构(企业)手中,他们只能提供商业信用。对于政府机构、商业机构(特别是像银行这样持有敏感数据的商业机构)而言,选择云计算服务应保持足够的警惕性。一旦商业用户大规模使用私人机构提供的云计算服务,无论其技术优势有多强,都不可避免地让这些私人机构以"数据(信息)"的重要性挟制整个社会。对于信息社会而言,"信息"是至关重要的。另外,云计算中的数据对于数据所有者以外的其他云计算用户是保密的,但是对于提供云计算的商业机构而言却毫无秘密可言。所有这些潜在的危险,是商业机构和政府机构选择云计算服务,特别是国外机构提供的云计算服务时,不得不考虑的一个重要的前提。

(来源:百度百科)

素养勋章要点:

谈谈云计算服务存在的潜在危险性。

要点记录:_____

_____

_____

_____

_____

5.5 实训

5.5.1 字符串

一、实训目的

1. 学会字符串的连接、格式化、转换和分隔的方法。
2. 掌握子集的选择方法（切片运算）。
3. 掌握字符串与列表的转换方法。
4. 了解字符与 ASCII 码的转换方法。

二、单元练习

定义：str = "www.Python.com"，写出执行下面语句后的结果。

语　　句	执 行 结 果	描述语句的作用
print(str.upper())		
print(str.lower())		
print(str.title())		
print(str.capitalize ())		
print(str.isalnum())		
print(str.isalpha())		
print(str.isdigit())		
print(str.islower())		
print(str.isupper())		
print(str.istitle())		
print(str.isspace())		

三、实训任务

任务1：【字符串基础训练】

1. 字符串 a = "　t　　he　DerisChris toPher　is kind　"，编写代码去掉字符串的空格。

程序编写于下方

2. 字符串 a = "hello"，b = "append"，编写代码将两个字符串连接起来。

程序编写于下方

3. 字符串 a = "good student"，编写代码查找"s"在字符串中的位置。

程序编写于下方

4. 字符串 a = "good student"，编写代码计算长度。

程序编写于下方

5. 字符串 a = "good Student"，编写代码使字符串按大写输出。

程序编写于下方

6. 字符串 a = "good Student"，编写代码使字符串按逆序输出。

程序编写于下方

7. 字符串 a = "good Student"，b = "o"，编写代码查找字符串 b 在字符串 a 中的位置。

程序编写于下方

8. 字符串 a = "good Student"，编写代码使字符串大小写互换。

程序编写于下方

9. 字符串 a = "good Student"，编写代码将字符串中的 o 替换为 C。

程序编写于下方

10. 字符串 a = "good"，为该字符串添加元素"Student"。

程序编写于下方

11. 在屏幕上打印出\n。

程序编写于下方

12. 在 Python 中输出π，保留两位小数。

程序编写于下方

13. 现有字符串"5"，格式化字符串使其输出为"05""5aa"。

程序编写于下方

任务 2：【字符串中子串出现的次数】

计算字符串中子串出现的次数。要求：用户先输入一个字符串，再输入一个子串，编写程序判断该子串在字符串中出现的次数，并打印出来。

程序编写于下方

任务 3：【字符串排序】

对字符串进行排序。要求：用户输入多个字符串，将字符串直接用逗号（,）隔开，编写程序对输入的多个字符串进行排序，并将排序结果打印出来。

程序编写于下方

任务 4：【敏感词替换】

对字符串中的敏感词进行替换。要求：根据需要定义一个敏感词库，如 words=('暴力', '非法', '攻击')，然后用户输入一个字符串，如果该字符串中有敏感词汇，将对该字符串进行替换（用***替换敏感词汇），并把替换后的字符串打印出来。

程序编写于下方

四、拓展任务

任务 1：【字符串加密】

要求：编写一个函数实现字符串加密，先将字符串中每个字符的 ASCII 码都加 10，转换成另外一个字符，然后转成字符形式，获得加密后的字符串。

提示：ord()用来返回对应字符的 ASCII 码，chr()用来表示 ASCII 码对应的字符。

程序编写于下方

任务 2：【字符串解密】

要求：编写一个函数实现字符串解密，实现对任务 1 中加密过的字符串的解密功能。

程序编写于下方

任务 3：【将字符串日期转换为易读的日期格式】

要求：编写程序实现将字符串日期转换为易读的日期格式，如将"Aug 28 2018 12:00AM"转换为"2018-08-28 00:00:00"。

提示：可以用 dateutil 库中的 parser 函数。

程序编写于下方

任务 4：【赛手的名单】

两个乒乓球队进行比赛，各出三人。甲队为 a、b、c 三人，乙队为 x、y、z 三人。已抽签决定比赛名单。有人向队员打听比赛的名单，a 说他不和 z 比，c 说他不和 x、y 比，请编写程序找出三对赛手的名单。

程序编写于下方

5.5.2 文件

一、实训目的

1. 能够利用文件存储字符串。
2. 掌握文本文件的读/写方法。

二、单元练习

请按照要求填写下面空白处，实现相应的功能。

1. 显示目录内容。

1	import glob
2	filelist = glob.＿＿＿＿＿＿ ('*.jpg') + glob.＿＿＿＿＿＿ ('*.gif')

2. 判断权限。

1	if os.access(myfile, ＿):
2	print(myfile, '具有写权限')
3	if os.access(myfile, ＿＿＿＿＿＿, ＿＿＿＿＿＿, ＿＿＿＿＿＿):
4	print(myfile, '具有读/写以及执行权限')

3. 删除一组以 .jpg 和 .gif 为扩展名的文件。

1	for file in glob.＿＿＿＿＿＿ ('*.jpg') + glob.＿＿＿＿＿＿ ('*.gif'):
2	os.＿＿＿＿＿＿ (file)

三、实训任务

任务 1：【文件基础训练】

1. 在当前目录下创建一个"test.log"文件。

程序编写于下方

2. 在 test 文件中写入"Hello Word"。

程序编写于下方

3. 在 test 文件的"Hello Word"后面输入"Python"。

程序编写于下方

4．查找当前文件操作标记的位置（提示：seek()）。

程序编写于下方

5．把文件操作符的位置移到最前面。

程序编写于下方

6．以二进制格式输出 test 文件。

程序编写于下方

7．关闭 test 文件。

程序编写于下方

8．删除 test 文件。

程序编写于下方

9．编写代码，输出当前 Python 脚本工作的目录路径。

程序编写于下方

任务 2：【文件内容合并】

有两个磁盘文件 A 和 B，各存放一行字母，要求编写代码将这两个文件中的信息合并，并按字母的先后顺序排列，最后输出到一个新文件 C 中。

程序编写于下方

四、拓展任务
任务：【文件存储】

从键盘输入一个字符串，先将小写字母全部转换成大写字母，然后输出到一个磁盘文件"test"中保存，并实现循环输入，直到输入一个#为止。

程序编写于下方

第6章

字典与集合

学习任务

本章将学习 Python 中常用的数据结构字典与集合的相关知识。通过本章的学习,读者应学会字典的声明和使用的方法,了解字典键的特性,熟练使用字典的内置函数与方法,掌握集合的定义与基本操作,掌握集合运算的方法,熟练使用集合的内置函数与方法。同时通过实例的训练,读者应学会字典与集合综合应用的方法。

知识点

- ➢ 字典的声明和使用
- ➢ 字典基本操作
- ➢ 字典键的特性
- ➢ 字典内置函数与方法
- ➢ 集合的声明和使用
- ➢ 集合基本操作
- ➢ 集合内置函数与方法

6.1 案例

6.1.1 利用字典改进猜数游戏

第 5 章中的案例采用列表的方式,记录一次游戏中猜数的所有情况。本章将继续对猜数游戏进行改进,允许用户在游戏结束后继续进行下一次游戏,直到用户选择退出游戏。同时,用户可以查看每次游戏的猜数情况。

对 testGame.py 进行修改,如下所示:

| 1 | from Game import * | # 引入 testGame.py 中的所有函数 |

2	title = '1：我要玩猜数游戏'
3	title += '\n2：看看每次的猜数情况'
4	title += '\n3：看看某次的猜数情况'
5	title += '\n4：退出程序'
6	logdic = {}
7	times = 0
8	while True:
9	print(title)
10	choice = int(input('请输入编号：'))
11	if choice == 1:
12	times += 1
13	x = eval(input("随机数的最小值："))
14	y = eval(input("随机数的最大值："))
15	z = eval(input("猜测次数："))
16	logList = GuessNumGame(x, y, z)
17	print(logList)
18	strLog = ",".join(map(str, logList))
19	logdic[times]=strLog
20	elif choice == 2:
21	for key in logdic.keys():
22	print('第{}次游戏：'.format(key),logdic[key])
23	elif choice == 3:
24	cnt = eval(input("请输入第几次："))
25	print('第{}次游戏：'.format(cnt), logdic.get(cnt))
26	elif choice == 4:
27	quit()

案例说明

第 2~5 行：利用字符串的拼接定义了一个游戏标题。

第 6 行：定义了一个空字典 logdic，用来存储每次游戏的情况。字典的使用非常简单，相较于列表声明使用"[]"，元组声明使用"()"，字典的声明使用"{}"。例如，logdic={}，声明了一个空字典。

第 7 行：定义 times，用来记录玩游戏的次数。

第 12 行：每玩一次 times 计数增加 1。

第 19 行：Python 的字典利用"Key-Value"（键-值）机制存入数据，将 times 作为 Key 向字典 logdic 写入 Value，Value 为 strLog。

字典中的数据最关键的特性是"Key-Value"键值对，即每个数据都要提供一个"Key"（键），而字典正是用"Key"来标识和定位"Value"（数据）的。Python 允许使用任何数据类型的 Key，而字典中的 Key 必须唯一，Value 可以重复。

第 21 行：利用 for 语句遍历字典 logdic，并采用"for key in logdic.keys()"的形式。字典中的数据是无序的，仅与 Key 有关。

第 22 行：利用 format 格式化方式，输出结果。直接访问"logdic[key]"查看对应的 Value 值。利用 Key 取出了数据记录的 Value，这是一种直接引用数据记录的形式。

第 25 行：利用 get 方法引用 Value——"logdic.get(cnt)"。

直接引用"logdic[key]"和利用 get 方法引用"logdic.get(cnt)"的区别是，在没有找到记录时直接引用"logdic[key]"会产生错误，导致退出程序，而利用 get 方法"logdic.get(cnt)"则会返回"None"，所以在不能确定是否能找到 Value 的值时最好使用 get 方法。

6.1.2　工作手册页：案例

学习记录：_____

_____

_____

_____

_____

_____

_____

_____

_____

关键知识点

1．介绍案例【利用字典改进猜数游戏】的内容。

2．从案例中了解字典的相关知识点。

（1）定义一个空字典 logdic，用来存储每次游戏的情况。

（2）字符串 logdic[times]=strLog，Python 的字典利用"Key-Value"（键-值）机制存入数据。

（3）利用 for 语句遍历字典 logdic，并采用"for key in logdic.keys()"的形式。字典中的数据是无序的，仅与 Key 有关。

（4）利用 get 方法引用 Value——"logdic.get(cnt)"。

3．总结并提问。

（1）字典、列表、元组的声明方式有哪些？

（2）"logdic[key]"与"logdic.get(cnt)"的区别是什么？

6.2　知识梳理

6.2.1　字典的定义

字典是一种可变容器模型，且可存储任意类型的对象。字典的每个键值对（key=>value）

都要用冒号（:）分隔，每个键值对之间都要用逗号（,）分隔，整个字典包括在花括号（{}）中，格式如下：

```
d = {'key1' : value1, 'key2': value2 }
```

【例6-1】一个简单的字典实例

```
dict = {'张三': 25, '李四': 16, '王五': 40}
```

注意事项：
（1）键必须是唯一的，但值可以不唯一。
（2）值可以取任何数据类型，但键必须是不可变的，如字符串、数字或元组。
（3）字典的键值是"只读"的，不能对键和值分别进行初始化，否则程序会报错。
（4）在 Python 中，空花括号（{}）用于创建空字典。

【例6-2】键不可以初始化

| 1 | dic = {} |
| 2 | dic.keys = (1,2,3,4,5,6) |

以上实例执行结果如下：

```
Traceback (most recent call last):
    File "test.py", line 1, in <module>
AttributeError: 'dict' object attribute 'keys' is read-only
```

【例6-3】值是只读的，不可以修改

1	dic = {}
2	dic.keys = (1,2,3,4,5,6)
3	dic.values = ("a","b","c","d","e","f")

以上实例执行结果如下：

```
Traceback (most recent call last):
    File " test.py ", line 1, in <module>
AttributeError: 'dict' object attribute 'values' is read-only
```

6.2.2 访问字典中的值

访问字典中的值可以通过 dict[Key]的方式，即把相应的键放到方括号[]中进行访问。

【例6-4】通过直接引用访问字典中的值

1	dict = {'Name': 'DerisWeng', 'Age': 7, 'Class': 'First'}
2	print ("dict['Name']: ", dict['Name'])
3	print ("dict['Age']: ", dict['Age'])

以上实例输出结果如下：

```
dict['Name']:   DerisWeng
dict['Age']:    7
```

如果使用字典中没有对应的键，则访问数据时会报错。

【例 6-5】 访问字典中没有的键

| 1 | dict = {'Name': 'DerisWeng', 'Age': 7, 'Class': 'First'} |
| 2 | print ("dict['Christopher']: ", dict[' Christopher']) |

以上实例输出结果如下：

```
Traceback (most recent call last):
  File " test1.py", line 5, in <module>
    print("dict[' Christopher']: ", dict[' Christopher'])
KeyError: ' Christopher'
```

6.2.3 修改字典

通过直接引用赋值的方式可以对字典进行修改。如果 dict[Key]中的 Key 在字典中不存在，则赋值语句将向字典中添加新内容，即增加新的键值对；如果 dict[Key]中的 Key 在字典中存在，则赋值语句将修改字典中的内容。

【例 6-6】 修改字典

1	dict = {'Name': 'DerisWeng', 'Age': 7, 'Class': 'First'}
2	dict['Age'] = 18; # 更新 Age
3	dict['School'] = "WZVTC" # 添加信息
4	print ("dict['Age']: ", dict['Age'])
5	print ("dict['School']: ", dict['School'])

以上实例输出结果如下：

```
dict['Age']:    18
dict['School']:   WZVTC
```

6.2.4 删除字典元素

用 del 命令可以删除单一的元素或整个字典，也可以用 clear 命令清空字典。

【例 6-7】 删除字典元素

1	dict = {'Name': 'DerisWeng', 'Age': 7, 'Class': 'First'}
2	del dict['Name'] # 删除键 "Name"
3	dict.clear() # 清空字典
4	del dict # 删除字典
5	print ("dict['Age']: ", dict['Age'])
6	print ("dict['School']: ", dict['School'])

以上实例会引发一个异常，因为执行 del 操作后字典将不再存在。

```
Traceback (most recent call last):
    File "test.py", line 9, in <module>
        print ("dict['Age']: ", dict['Age'])
TypeError: 'type' object is not subscriptable
```

6.2.5 字典键的特性

字典值可以没有限制地取任何 Python 对象，既可以是标准的对象，也可以是用户定义的，但字典键不可以。

注意事项：

（1）不允许同一个键重复出现。如果创建时同一个键被赋值两次，则后一个值会被记住。

（2）键必须不可变，所以可以用数字、字符串和元组这三种数据类型，而不可以使用列表。

【例 6-8】同一键重复出现

| 1 | dict = {'Name': 'DerisWeng', 'Age': 7, 'Name': 'DerisWeng'} |
| 2 | print ("dict['Name']: ", dict['Name']) |

以上实例输出结果如下：

| dict['Name']: | DerisWeng |

【例 6-9】不能用列表作为键

| 1 | dict = {['Name']: 'DerisWeng', 'Age': 7} |
| 2 | print ("dict['Name']: ", dict['Name']) |

以上实例输出结果如下：

```
Traceback (most recent call last):
    File "test.py", line 3, in <module>
        dict = {['Name']: 'DerisWeng', 'Age': 7}
TypeError: unhashable type: 'list'
```

6.2.6 字典内置方法

Python 中的字典内置方法如表 6-1 所示。

表 6-1 Python 中的字典内置方法

方　　法	描　　述
dict.clear()	删除字典里的所有元素
dict.copy()	返回一个字典的浅复制
dict.fromkeys(seq[,value])	创建一个新字典，以序列 seq 中的元素作为字典的键，value 为字典所有键对应的初始值
dict.get(key, default=None)	返回指定键的值，如果值不在字典中，则返回 default 值
key in dict	如果键在字典 dict 里，则返回 True，否则返回 False

续表

方　　法	描　　述
dict.items()	以列表返回可遍历的(键,值)元组数组
dict.keys()	以列表返回一个字典所有的键
dict.setdefault(key,default=None)	和 get()类似，但如果键不存在于字典中，则会添加键，并将值设为 default
dict.update(dict2)	把字典 dict2 的键值对更新到 dict 里
dict.values()	以列表返回字典中的所有值
pop(key[,default])	删除字典给定键 key 所对应的值，返回值为被删除的值。key 值必须给出，否则返回 default 值
popitem()	随机返回并删除字典中的一对键和值

【例 6-10】用 fromkeys()方法创建一个新的字典

```
1    seq = ('name', 'age', 'sex')
2    dict1= dict.fromkeys(seq)
3    print ("新字典 dict1 为:{}" .format(dict1))
4    dict2= dict.fromkeys(seq, 10)
5    print ("新字典 dict2 为:{}" .format(dict2))
```

以上实例输出结果如下：

新字典 dict1 为:{'name': None, 'age': None, 'sex': None}
新字典 dict2 为:{'name': 10, 'age': 10, 'sex': 10}

【例 6-11】设计一个字典并编写程序，用户输入的内容作为"键"，然后输出字典中对应的"值"。如果用户输入的"键"不存在，则输出"您输入的键不存在！"。

假设字典为：d={1:'a',2:'b',3:'c',4:'d'}。

```
1    d={1:'a',2:'b',3:'c',4:'d'}
2    v=input("请输入您的键:")
3    v =eval(v)
4    print(d.get(v,'您输入的键不存在！'))
```

【例 6-12】列表转换为字典

```
1    i = ['a', 'b']
2    l = [1, 2]
3    print(dict([i,l]))
```

以上实例输出结果如下：

{'a': 'b', 1: 2}

6.2.7　字典内置函数

Python 字典的内置函数如表 6-2 所示。

表 6-2　Python 中的字典内置函数

函　　数	描　　述
len(dict)	计算字典元素个数，即键的总数
str(dict)	输出字典，转换成用字符串表示

【例 6-13】计算字典元素个数

| 1 | dict = {'Name': 'DerisWeng', 'Age': 7, 'Class': 'First'} |
| 2 | print(len(dict)) |

以上实例输出结果如下：

3

【例 6-14】以字符串形式输出字典的所有值

| 1 | dict = {'Name': 'DerisWeng', 'Age': 7, 'Class': 'First'} |
| 2 | print(str(dict)) |

以上实例输出结果如下：

"{'Name': 'DerisWeng', 'Class': 'First', 'Age': 7}"

【例 6-15】返回字典类型

| 1 | dict = {'Name': 'DerisWeng', 'Age': 7, 'Class': 'First'} |
| 2 | print(type(dict)) |

以上实例输出结果如下：

<class 'dict'>

6.2.8　集合的定义

在 Python 中，集合由内置的 set 类型定义。要创建集合，需要将所有元素都放在花括号（{}）内，以逗号（,）分隔。

【例 6-16】集合的定义

| 1 | s = {'P', 'y', 't', 'h', 'o', 'n'} |
| 2 | print(type(s)) |

以上实例输出结果如下：

<class 'set'>

集合中可以有任意数量的元素，它们可以是不同的类型（如数字、元组、字符串等）。但集合里不能有可变元素（如列表、集合和字典）。

【例6-17】创建各种类型的集合

1	s = {1, 2, 3}	# 整型集合
2	s = {1.0, 'Python', (1, 2, 3)}	# 混合型集合
3	s = set(['P', 'y'])	# 利用set()将列表转换成集合，从而创建一个新的集合

【例6-18】集合中不能有可变元素

| 1 | s = {'a', 'b', [1, 2]} | # 不能有可变元素 |
| 2 | print(s) | |

以上实例输出结果如下：

```
Traceback (most recent call last):
  File " test.py", line 1, in <module>
    s = {'a', 'b', [1, 2]}          # 不能有可变元素
TypeError: unhashable type: 'list'
```

在Python中，可以使用set()创建一个没有任何元素的空集合。

【例6-19】创建空集合

| 1 | s = set() | # 空集合 |
| 2 | type(s) | |

以上实例输出结果如下：

```
<class 'set'>
```

一个集合中，每个元素的地位都是相同的，元素之间是无序的。

【例6-20】集合的无序性

| 1 | s = set('DerisWeng') |
| 2 | print(s) |

以上实例输出结果如下：

```
{'g', 'e', 'r', 's', 'n', 'D', 'W', 'i'}
```

由于集合是无序的，所以索引没有任何意义。也就是说，无法使用索引或切片访问或更改集合元素。

【例6-21】集合不支持索引

| 1 | s = set('DerisWeng') |
| 2 | print(s[0]) |

以上实例输出报错信息：

```
TypeError: 'set' object does not support indexing
```

一个集合中，任何两个元素都是不相同的，即每个元素只能出现一次。

【例6-22】集合的互异性

1	s = set('WengWeng')
2	print(s)

以上实例输出结果如下：

{'W', 'n', 'g', 'e'}

先给定一个集合，再任意给定一个元素，该元素属于或不属于该集合，二者必居其一，不允许有模棱两可的情况出现。

【例6-23】集合的确定性

1	s = set('DerisWeng')
2	print('e' in s)
3	print ('P' not in s)

以上实例输出结果如下：

True
False

6.2.9 集合运算

集合之间也可进行数学集合运算（如并集、交集、差集等），可用相应的操作符或方法来实现。对 A、B 两个集合进行以下操作。

【例6-24】定义两个集合 A 和 B

1	A = set('abcd')
2	B = set('cdef')

1. 子集

子集指某个集合中一部分的集合。可以使用操作符（<）判断是否为子集，也可使用方法 issubset()进行判断。

【例6-25】子集判断

1	A = set('abcd')
2	B = set('cdef')
3	C = set('ab')
4	print(C < A)
5	print(C < B)
6	print(C.issubset(A))

以上实例输出结果如下：

True
False
True

2. 并集

并集是一组集合中所有元素构成的集合，而不包含其他元素。可以使用操作符（|）执行并集操作，也可使用方法 union() 完成并集操作。

【例 6-26】并集操作

1	A = set('abcd')
2	B = set('cdef')
3	C = A | B
4	print(C)
5	print(A.union(B))

以上实例输出结果如下：

```
{'e', 'f', 'd', 'c', 'b', 'a'}
{'e', 'f', 'd', 'c', 'b', 'a'}
```

3. 交集

两个集合 A 与 B 的交集是含有所有既属于 A 又属于 B 的元素，而没有其他元素的集合。可以使用操作符（&）执行交集操作，也可使用方法 intersection() 完成交集操作。

【例 6-27】交集操作

1	A = set('abcd')
2	B = set('cdef')
3	C = A & B
4	print(C)
5	print(A. intersection (B))

以上实例输出结果如下：

```
{'d', 'c'}
{'d', 'c'}
```

4. 差集

两个集合 A 与 B 的差集是由所有属于 A 且不属于 B 的元素构成的。可以使用操作符（-）执行差集操作，同样地，也可使用方法 difference() 完成差集操作。

【例 6-28】差集操作

1	A = set('abcd')
2	B = set('cdef')
3	C = A - B
4	print(C)
5	print(A. difference (B))

以上实例输出结果如下：

```
{'b', 'a'}
{'b', 'a'}
```

5. 对称差

两个集合的对称差是由只属于其中一个集合，而不属于另一个集合的元素组成的集合。可以使用操作符（^）执行对称差操作，也可使用方法 symmetric_difference()完成对称差操作。

【例6-29】对称差操作

1	A = set('abcd')
2	B = set('cdef')
3	C = A ^ B
4	print(C)
5	print(A. symmetric_ difference (B))

以上实例输出结果如下：

{'b', 'e', 'f', 'a'}
{'b', 'e', 'f', 'a'}

6.2.10 更改集合

虽然集合里面的元素为不可变元素（如元素不能是列表元素），但是集合本身是可变的。在集合中，可以添加或删除元素，可以使用add()方法添加单个元素，使用update()方法添加多个元素。update()方法支持使用元组、列表、字符串或其他集合中的值作为参数。

【例6-30】用 add() 方法添加单个元素

1	s = {'D', 'e'}	
2	s.add('r')	# 添加一个元素
3	print(s)	

以上实例输出结果如下：

{'r', 'D', 'e'}

【例6-31】用 update()方法添加多个元素

1	s = {'D', 'e'}	
2	s.update(['r','i','s'])	# 添加多个元素
3	print(s)	

以上实例输出结果如下：

{'i', 'r', 's', 'e', 'D'}

【例6-32】用 update()方法添加列表和集合中的值

1	s = {'D', 'e'}	
2	s.update(['r', 'i'], {'s', 'w', 'i'})	# 添加列表和集合中的值
3	print(s)	

以上实例输出结果如下：

{'s', 'r', 'w', 'D', 'i', 'e'}

在任何情况下，元素都不会重复。

6.2.11 从集合中删除元素

可以使用 discard()方法和 remove()方法删除集合中特定的元素。两者之间的区别在于，如果集合中不存在指定的元素，使用 discard()方法可保持不变，但使用 remove()方法就会引发 KeyError 异常。

【例 6-33】 去掉一个存在的元素

1	s = {'D', 'e', 'r', 'i', 's'}
2	s.discard('r') # 去掉一个存在的元素
3	print(s)

以上实例输出结果如下：

{'i', 'D', 'e', 's'}

【例 6-34】 删除一个存在的元素

1	s = {'D', 'e', 'r', 'i', 's'}
2	s.remove('e') # 删除一个存在的元素
3	print(s)

以上实例输出结果如下：

{'s', 'i', 'r', 'D'}

【例 6-35】 去掉一个不存在的元素

1	s = {'D', 'e', 'r', 'i', 's'}
2	s.discard('w') # 去掉一个不存在的元素
3	print(s)

以上实例输出结果如下：

{'e', 'i', 'r', 's', 'D'}

【例 6-36】 删除一个不存在的元素

1	s = {'D', 'e', 'r', 'i', 's'}
2	s.remove('w') # 删除一个不存在的元素
3	print(s)

以上实例输出结果如下：

Traceback (most recent call last):
　　File " test.py", line 2, in <module>

```
s.remove('w')
KeyError: 'w'
```

也可以使用 pop() 方法删除和返回一个项目，使用 clear() 方法删除集合中的所有元素。

【例 6-37】随机返回一个元素

1	s = set('Deris')	
2	print(s.pop())	# 随机返回一个元素
3	print(s)	

以上实例输出结果如下：

```
r
{'s', 'e', 'D', 'i'}
```

【例 6-38】清空集合

1	s = set('Deris')	
2	s.clear()	# 清空集合
3	print(s)	

以上实例输出结果如下：

```
set()
```

注意：因为集合是无序的，所以无法确定哪个元素将被返回，完全是随机的。

6.2.12 集合的方法

可以利用 dir() 来查看集合的方法列表。

【例 6-39】查看方法列表

	dir(set)

以上实例输出结果如下：

```
['__and__', '__class__', '__contains__', '__delattr__', '__dir__', '__doc__', '__eq__', '__format__', '__ge__',
'__getattribute__', '__gt__', '__hash__', '__iand__', '__init__', '__ior__', '__isub__', '__iter__', '__ixor__', '__le__',
'__len__', '__lt__', '__ne__', '__new__', '__or__', '__rand__', '__reduce__', '__reduce_ex__', '__repr__', '__ror__',
'__rsub__', '__rxor__', '__setattr__', '__sizeof__', '__str__', '__sub__', '__subclasshook__', '__xor__', 'add', 'clear', 'copy',
'difference', 'difference_update', 'discard', 'intersection', 'intersection_update', 'isdisjoint', 'issubset', 'issuperset', 'pop',
'remove', 'symmetric_difference', 'symmetric_difference_update', 'union', 'update']
```

集合的方法如表 6-3 所示。

表 6-3 集合的方法

方　　法	描　　述
add()	将元素添加到集合中
clear()	删除集合中的所有元素

续表

方　　法	描　　述
copy()	返回集合的浅复制
difference()	将两个或多个集合的差集作为一个新集合返回
difference_update()	从当前集合中删除另一个集合的所有元素
discard()	删除集合中的一个元素（如果元素不存在，则不执行任何操作）
intersection()	将两个集合的交集作为一个新集合返回
intersection_update()	用当前集合和另一个集合的交集来更新当前集合
isdisjoint()	如果两个集合有一个空交集，则返回 True
issubset()	如果另一个集合包含这个集合，则返回 True
issuperset()	如果当前集合包含另一个集合，则返回 True
pop()	删除并返回任意的集合元素（如果集合为空，则会引发 KeyError）
remove()	删除集合中的一个元素（如果元素不存在，则会引发 KeyError）
symmetric_difference()	将两个集合的对称差作为一个新集合返回
symmetric_difference_update()	用当前集合和另一个集合的对称差来更新当前集合
union()	将集合的并集作为一个新集合返回
update()	用当前集合和另一个集合的并集来更新当前集合

利用 help() 可以查看各个方法的详细说明。

6.2.13　集合内置函数

内置函数通常作用于集合来执行不同的任务，如表 6-4 所示。

表 6-4　集合内置函数

函　　数	描　　述
all()	如果集合中的所有元素都是 True（或集合为空），则返回 True
any()	如果集合中的所有元素都是 True，则返回 True；如果集合为空，则返回 False
enumerate()	返回一个枚举对象，其中包含了集合中所有元素的索引和值（配对）
len()	返回集合的长度（元素个数）
max()	返回集合中的最大项
min()	返回集合中的最小项
sorted()	对集合中的元素进行排序并返回新的列表（不排序集合本身）
sum()	返回集合的所有元素之和

6.2.14　不可变集合

frozenset 是一个具有集合特征的新类，但是一经分配，它里面的元素就不能更改了。这一点和元组非常相似，即元组是不可变的列表，frozenset 是不可变的集合。

集合是非哈希（unhashable）的，不能用作字典的 key，而 frozenset 是可哈希（hashable）

的，可以用作字典的 key。因此可以使用 frozenset()创建不可变的集合。

【例 6-40】 创建不可变集合

1	s = frozenset ('Deris')
2	print(type(s))

以上实例输出结果如下：

<class 'frozenset'>

和 Set 类似，frozenset 也提供了很多方法。由于 frozenset 是不可变的，所以没有添加或删除元素的方法。

【例 6-41】 查看 frozenset 方法列表

	dir(frozenset)

以上实例输出结果如下：

['__and__', '__class__', '__contains__', '__delattr__', '__dir__', '__doc__', '__eq__', '__format__', '__ge__', '__getattribute__', '__gt__', '__hash__', '__init__', '__iter__', '__le__', '__len__', '__lt__', '__ne__', '__new__', '__or__', '__rand__', '__reduce__', '__reduce_ex__', '__repr__', '__ror__', '__rsub__', '__rxor__', '__setattr__', '__sizeof__', '__str__', '__sub__', '__subclasshook__', '__xor__', 'copy', 'difference', 'intersection', 'isdisjoint', 'issubset', 'issuperset', 'symmetric_difference', 'union']

6.2.15 工作手册页：知识要点

学习记录：_____

_____

_____

_____

_____

_____

_____

_____

_____

_____

_____

关键知识点

1. 掌握字典的基础知识。

2. 掌握字典的定义、访问字典中的值、修改与删除字典、字典键的特性、字典内置函数与方法等知识。

①字典的定义；②访问字典中的值；③修改字典；④删除字典元素；⑤字典键的特性；⑥字典的方法；⑦字典内置函数。

3．掌握集合的定义与基本操作、集合运算的方法，能够熟练使用集合内置函数进行操作。同时通过实例的训练，读者可学会字典与集合综合应用的方法。

6.3 小结与习题

6.3.1 小结

前面我们学习了几种常见的数据组织和处理的工具，如元组、列表、字符串等。在存储键值对方面，字典是一个极为高效的数据结构。字典也被称为关联数组、映射或散列表。本章案例利用字典进一步改进第 5 章的猜数游戏，用字典存储用户每次的游戏数据，使用户可以查看每次游戏的猜数日志。

字典是一种可变容器模型，且可存储任意类型对象。字典的每个键值对（key=>value）用冒号（:）分隔，每个键值对之间用逗号（,）分隔，整个字典包括在花括号（{}）中。键一般是唯一的，如果重复最后的一个键值对，则会替换前面的；值不需要唯一。值可以取任何数据类型，但键必须是不可变的，如字符串、数字或元组。

Python 中的集合（Set）型数据，其相当于每个数据记录都是字典中的"Key+Value"，所以 Set 中不存在 Key，且不存在相同的数据记录。由于字符串在处理数据方面有非常大的便利性，所以开发人员通常利用文本文件将信息以字符串的形式加以保存和调取。

通过本章的学习，读者可学会 Python 中字典和集合的使用、字典中值的访问，以及字典的相关操作，如删除字典元素、修改字典等。同时通过实例的训练，读者可学会字典内置函数的使用方法，以及更改集合、从集合中删除元素等操作。

6.3.2 习题

1．删除字典里的所有元素，用_____方法。

2．返回一个字典的浅复制，用_____方法。

3．创建一个新字典，以序列 seq 中的元素作为字典的键，val 为字典所有键对应的初始值，用_____方法。

4．返回指定键的值，如果值不在字典中，则返回 default 值，可用_____方法。

5．如果键在字典 dict 中返回 True，否则返回 False，可用_____方法。

6．以列表返回可遍历的（键, 值）元组数组，用_____方法。

7．以列表返回一个字典所有的键，用_____方法。

8．和 get()类似，但如果键不存在于字典中，将会添加键并将值设为 default，用_____方法。

9．把字典 dict2 的键值对更新到 dict 里，用_____方法。

10．以列表返回字典中的所有值，用_____方法。

11．已知：dict = {"name":"DerisWeng", "sex":"Female", "age":"18", "pwd":"secret"}，写出执

行下面语句后的结果。

语　　句	执 行 结 果	描述语句的作用
dict.keys()		
dict.values()		
dict.items()		
[k for k, v in dict.items()]		
[v for k, v in dict.items()]		
["%s=%s" % (k, v) for k, v in dict.items()]		

12．计算字典元素个数，即键的总数，用_____函数。

13．输出字典，以可打印的字符串表示，用_____函数。

14．返回输入的变量类型，如果变量是字典就返回字典类型，用_____函数。

6.4　课外拓展

2013 年被称为"世界大数据元年"，标志着世界正式步入了大数据（Big Data）时代。

我们来看看一分钟会有多少数据产生：YouTube 用户上传 48 小时的新视频；电子邮件用户发送 204 166 677 条信息；Google 收到超过 2 000 000 个搜索查询；Facebook 用户分享 684 478 条内容；消费者在网购上花费 272 070 美元；Twitter 用户发送超过 100 000 条微博；苹果公司收到大约 47 000 个应用下载请求；Facebook 上的品牌和企业收到 34 722 个"赞"；Tumblr 博客用户发布 27 778 个新帖子；Instagram 用户分享 36 000 张新照片；Flickr 用户添加 3 125 张新照片；Foursquare 用户执行 2 083 次签到；有 571 个新网站诞生；WordPress 用户发布 347 篇新博文；移动互联网获得 217 个新用户。

数据量还在增长着，增速没有慢下来的迹象，并且随着移动智能设备的普及，一些新兴的与位置有关的大数据也越来越呈迸发的趋势。

那么大数据究竟是什么？我们来看看权威机构对大数据给出的定义。国际权威咨询机构麦肯锡说："大数据指的是所涉及的数据集规模已经超过了传统数据库软件获取、存储、管理和分析的能力。这是一个被故意设计成主观性的定义，并且是一个关于多大的数据集才能被认为是大数据的可变定义，即并不定义大于一个特定数字的 TB 才叫大数据。因为随着技术的不断发展，符合大数据标准的数据集容量也会增长，并且定义随不同行业也有变化，这依赖于在一个特定行业中通常使用何种软件和数据集有多大。因此，在不同行业中大数据的规模可以从几十 TB 到几 PB。"

从上面的定义我们可以获得以下信息。

（1）多大的数据才算大数据，这并没有一个明确的界定，且不同行业有不同的标准。

（2）"大数据"这个命名不仅指数据量大，它还包含了数据集规模已经超过了传统数据库获取、存储、分析和管理能力等内容。

（3）大数据不一定永远是"大数据"，"大数据"的标准是可变的，在 20 年前 1GB 的数据也可以叫"大数据"。可见，随着计算机软/硬件技术的发展，符合大数据标准的数据集容量也会增长。

因此，可以用三个特征相结合来定义大数据——数据量（Volume）、多样性（Variety）和速度（Velocity），简称 3V，即庞大规模、获得速度极快和种类丰富的数据。

（1）数据量。我们存储的数据量正在急剧增长，包括环境数据、财务数据、医疗数据、监控数据等。对数据量的衡量已从 TB 级别转向 PB 级别，并且不可避免地转向 ZB 级别。现在经常听到一些企业使用存储集群来保存 PB 级别的数据。随着可供企业使用的数据量不断增长，可处理、理解和分析的数据比例却在不断下降。

（2）多样性。随着传感器、智能设备和社交协作技术的发展，企业中的数据也变得更加复杂，因为它不仅包含传统的关系型数据，还包含来自网页、互联网日志文件（包括点击量等数据）、搜索索引、社交媒体论坛、电子邮件、文档、主动和被动的传感器数据等原始、半结构化和非结构化数据。

（3）速度。不要将速度的概念限定为与数据存储库相关的增长速率，要动态地将此定义应用到数据流动的速度中。有效处理大数据时，要求在数据变化的过程中对它的数量和种类进行分析，而不只是在它静止后进行分析。IBM 公司在以上 3V 的基础上归纳总结了第 4 个 V，即 Veracity（真实性和准确性）。只有真实而准确的数据才能让对数据的管控和治理真正有意义。随着社交数据、企业内容、交易与应用数据等新数据源的兴起，传统数据源的局限性被打破，企业愈发需要有效的信息治理以确保数据的真实性及安全性。

（来源：百度百科）

素养勋章要点：

1．简要描述大数据的 4V 特性。
2．谈谈大数据时代如何解决人们在生活中的隐私问题。

6.5 实训

6.5.1 字典

一、实训目的

1．掌握字典声明和使用的方法。
2．了解字典键的特性。
3．熟练使用字典内置函数与方法进行操作。
4．掌握字典综合应用的方法。

二、单元练习

（一）选择题

1．下列哪个函数可以计算字典元素个数？（　　）

　　A．cmp　　　　　　B．len　　　　　　C．str　　　　　　D．type

2．下列哪个函数可以将字典以字符串形式输出？（　　）

　　A．cmp　　　　　　B．len　　　　　　C．str　　　　　　D．type

3．下列哪个函数可以返回输入的变量类型？（　　）

A．cmp B．len C．str D．type

4．若想删除字典，应使用以下哪种方法？（　　）

A．pop B．del C．clear D．copy

5．下列哪项关于字典的说法正确？（　　）

A．键必须唯一，值则不必

B．列表是方括号 []，元组是圆括号 ()，字典是花括号 {}

C．字典中的键是有序的

D．字典的内置函数有 dict.clear()、type()、str()、len()

（二）填空题

1．每个键与值用_____隔开，每对键值对用_____分隔，整体放在_____中。

2．字典是无序的，在字典中通过_____来访问成员。

3．Python 有两种方法可以创建字典，一种是使用花括号，另一种是使用内建函数_____。

4．键必须是唯一的，值则不必。值可以取任何数据类型，但键必须是不可变的，如_____、_____或_____。

5．字典的键不能是_____类型。

6．描述以下字典函数或方法的意义。

clear：_____

key in dict：_____

keys：_____

values：_____

pop：_____

7．假设有列表 a = ['name', 'age', 'sex']和 b = ['Weng', 18, 'FeMale']，请使用一个语句将这两个列表的内容转换为字典，并且以列表 a 中的元素为键，以列表 b 中的元素为值，这个语句可以写为_____。

三、实训任务

任务1：【字典基本训练】

1．创建一个名为 dict1 的字典，其中有元素 'abc': 456。

程序编写于下方

2．将字典 dict1 中的 'abc': 456 改为 'abc': 123。

程序编写于下方

3．为字典 dict1 添加新元素，键为 age，值为 18。

程序编写于下方

4．删除字典 dict1 中的元素 abc。

程序编写于下方

5．清空字典 dict1 中的所有元素，然后将字典删除。

程序编写于下方

任务 2：【字典综合训练 1】

1．请用 for 循环遍历 d，并打印出"姓名：分数"来。
d = { 'Adam': 95,'Lisa': 85,'Bart': 59}

程序编写于下方

2．有字典 dict1 = {"a":[1,2]}，请将字典中的"1"输出。

程序编写于下方

3．有字典 dict2 = {"a":{"c":"d"}}，请将字典中的"d"输出。

程序编写于下方

任务 3：【字典综合训练 2】

1．有字典 dict1 = {'k1': "v1", "k2": "v2", "k3": [11,22,33]}，请循环输出所有的 key 和 value。

程序编写于下方

2．请在字典中添加一个键值对 "k4": "v4"，输出添加数据后的字典。

程序编写于下方

3．请修改字典中"k1"对应的值为"alex"，输出修改后的字典。

程序编写于下方

4．请修改字典中"k3"对应的值，并追加一个元素"44"，输出修改后的字典。

程序编写于下方

5．请修改字典中"k3"对应的值，在其第 1 个位置插入元素"18"，输出修改后的字典。

程序编写于下方

任务 4：【找最大】
要求：找到年龄最大的人，并输出。
提示：先将输入的信息转化成类似字典{"张三":18,"李四":60,"王五":56,"孙六":7}的结构，然后判断大小，最后输出年龄最大的人的信息。

程序编写于下方

四、拓展任务
任务 1：【打印数字的重复次数（1）】
要求：用户输入一个数字，打印每一位数字及其重复出现次数。
例如，输入数字 888232315，输出结果为[('8',3),('2',2) ,('3',2) ,('1',1), ('5',1)]。

程序编写于下方

任务 2：【打印数字的重复次数（2）】

要求：随机产生 10 个整数，数字的范围是[-1000,1000]，按升序输出所有不同的数字及其重复出现的次数。

例如，产生的 10 个随机数字分别为 1, -2, 2, 3, 7, -9, -10, 3, -6, 7，输出结果为[(-10,1), (-9,1), (-6,1), (-2,1), (1,1), (2,1), (3,2), (7,2)]。

程序编写于下方

任务 3：【打印字母的重复次数】

要求：从字符表 abcdefghijklmnopqrstuvwxyz 中随机挑选两个字母组成字符串，共产生 10 个字符串，按降序输出所有不同的字符串及重复出现的次数。

例如，产生的 10 个随机字母组成的字符串分别为 ab, cx, gd, ef, oc, jk, gh, bs, py, uv，输出结果为[('uv',1), ('py',1), ('oc',1), ('jk',1), ('gh',1), ('gd',1), ('ef',1), ('cx',1), ('bs',1), ('ab',1)]。

程序编写于下方

任务 4：【拼写英文单词】

要求：编写一个程序，在程序运行时给用户以中文提示，要求用户拼写出对应英文，根据用户的拼写是否正确，决定进行下一个单词的拼写或重新拼写。

程序编写于下方

6.5.2 集合

一、实训目的

1．掌握集合声明和使用的方法。

2．掌握集合运算的方法。

3．熟练使用集合内置函数与方法进行操作。

4．掌握集合综合应用的方法。

二、单元练习

1．在 Python 中，字典和集合都是用一对_____作为界定符，字典的每个元素都由两部分组成，即_____和_____，其中_____不允许重复。

2. 已知 x = set('Christoper')，y = set(['k','i','d'])，执行下列操作后，请将结果填写到横线处。

（1）print(x & y) 的结果：_____

（2）print(x | y) 的结果：_____

（3）print(x - y) 的结果：_____

（4）print(x ^ y) 的结果：_____

三、实训任务

任务 1：【集合基本训练】

1. 创建一个名为 set1 的集合，其中的元素为 '123'、'weng'、100。

程序编写于下方

2. 为集合 set1 添加一个新元素 'Christopher'。

程序编写于下方

3. 为集合 set1 添加多个新元素 'is'、18、['years', 'old']。

程序编写于下方

4. 删除集合 set1 中的元素 100。

程序编写于下方

5. 清空集合 set1 中的所有元素。

程序编写于下方

任务 2：【集合综合训练】

1. 给定一个列表，提取列表中的单一元素，即提取出序列中所有不重复的元素。
假设列表 list1 = [1, 2, 3, 4, 5, 2, 3, 4]。

程序编写于下方

2．现有集合 set1= set([1, 2, 3])，给定一个列表 list1 = [1, 2, 3, 4, 5, 2, 3, 4]，遍历 list1 中的每一个元素，如果它在 set 中，就将其删除，如果不在 set 中，则添加进去。

程序编写于下方

任务3：【集合提高练习】

编写函数，函数名为 randomNumber，该函数功能：生成指定个数（Number）的数；生成在一定范围内（m～n）不可重复的随机数。（要求：利用集合的特性实现该功能）

程序编写于下方

四、拓展任务

任务：【比速度】

利用 range(1000) 分别构建具有相同元素个数的列表、元组、字典、集合，然后随机产生一个 1～1000 内的数字，通过查找来确定它是否在列表、元组、字典、集合中，并比较不同数据类型之间的查找速度。（提示：可以通过 t = time.time() 取得当前时间）

程序编写于下方

第 7 章

正则表达式

学习任务

本章将学习 Python 中一种用于复杂字符串处理的微型语言,即正则表达式。通过本章的学习,读者应掌握正则表达式的基本概念,熟悉使用正则表达式的方法及常用的正则表达式处理函数的应用。同时通过实例的训练,读者将学会正则表达式的综合应用方法。

知识点

- 正则表达式的概念
- 正则表达式的使用方法
- 常用的正则表达式处理函数

7.1 案例

7.1.1 使用正则表达式进行网页解析

案例背景:已知某网站的网页部分内容如下,要将该网页内容存储到本机的 D:/web.txt 中。
要求:请解析网页中所有以 https 开头的 URL,并输出。

1	`<div class="top-nav-websiteapp">`
2	`<a href="https://localhost/w/app?channel=top-nav" class="lnk ">下载某网站客户端</a>`
3	`<div id="top-nav-appintro" class="more-items">`
4	`<p class="appintro-title">某网站</p>`
5	`<p class="slogan">我们的部落格</p>`
6	`<div class="download">`
7	`<a ref="https://localhost/redirect?download=iOS">iPhone</a>`
8	`<span>•</span>`
9	`<a href="https://localhost/redirect?download= Ad ">Android</a>`

10	</div>
11	</div>
12	</div>

getUrls.py 代码如下：

1	import re
2	f = open('web.txt','r')
3	web = f.read()
4	urls = re.findall('https://.*?"', web)
5	f.close()
6	for url in urls:
7	print(url)

案例说明

- 第 1 行：导入 re 模块，re 模块能使 Python 语言拥有全部的正则表达式功能。
- 第 2 行：调用文件的 open 方法，打开 web.txt。
- 第 3 行：将 web.txt 中的文本内容读取出来，赋值给 web 变量。
- 第 4 行：这里使用 re 模块，它可提供 Perl 风格的正则表达式模式。利用 findall 函数获取字符串 web 中所有匹配的字符串，匹配格式为 https://.*?"。
    - ◆ https:// 开头表示以 https:// 为前缀文本。
    - ◆ 点（.）表示匹配除换行符 "\n" 外的任意字符。
    - ◆ 星号（*）表示匹配前一个字符 0 次或无限次。
    - ◆ 星号（*）后跟问号（?）表示非贪婪匹配，即尽可能少地匹配继定的字符串。
    - ◆ 三个符号组合（.*?）表示匹配任意数量的重复，但是在能使整个匹配成功的前提下出现最少的重复，如 a.*?b 表示匹配尽可能少的以 a 开始、以 b 结束的字符串。如果把它应用于 aabab，则会匹配 aab 和 ab。
    - ◆ https://.*?"表示以 http:// 开始，以双引号（"）结束的字符串，而且要求匹配结果重复最少。上述案例中首先匹配到 https://localhost/w/app?channel=top-nav"，所以不再匹配 https:// localhost/w/app?channel=top-nav"class="，虽然 class= 后面也有双引号（"），但是因为是非贪婪模式，所以选择第一次匹配成功的那个，即 https://localhost/w/app?channel= top-nav"。

以上实例执行结果如下：

```
https://localhost/w/app?channel=top-nav"
https://localhost/redirect?download=iOS"
https://localhost/redirect?download= Ad "
```

练一练：用刚学过的方法完成下面的网页解析任务。

已知某网站的网页部分内容如下，将该网页内容存储到本机的 D:/web.txt 中。请使用正则表达式进行网页解析。

7.1.2 正则表达式在数据清洗中的应用

案例背景：已知某网址 http://localhost/中有各类电影市场票房信息，网页样本 moviesample.htm 保存于已知目录中。

要求：分析网页样本文件，综合利用正则表达式和字符串处理算法，获取票房信息如下。

单位：元

电影名称	总场次/占比	网购票房	A 票房	B 票房	C 票房	D 票房	实时（不含预售）	预计	累计
某某历险记	9.16 万/27.1%	1166.11 万	120.12 万	660.33 万	50.24 万	30.63 万	2888.85 万	6827.81 万	8.61 亿
某某传奇	6.43 万/25%	1271.97 万	0	725.72 万	0	24.28 万	3114.63 万	8110.94 万	4.1 亿
...	...	...	...	...	...	...	...	...	...

moviesample.html 部分代码如下：

```
1   <table class="table">
2       <thead><tr><th>电影名称</th><th>总场次/占比</th><th>网购票房</th><th>A 票房</th><th>B
3   票房</th><th>C 票房</th><th>D 票房</th><th>实时（不含预售）</th><th>预计</th><th>累计
4   </th></tr></thead>
5       <tbody>
6           <tr class="odd"><td><a href="http://localhost/film/8080/boxoffice" title="某某历险记">某某历
7   险记</a></td><td>9.16 万/27.1%</td><td>1166.11 万</td><td>120.12 万</td><td> 660.33 万
8   </td><td>50.24 万</td><td>30.63 万</td><td>2888.85 万</td><td> 6827.81 万</td><td>8.61 亿</td>
9   </tr>
10          <tr class="even"><td><a href="http://localhost/film/8080/boxoffice" title="某某传奇">某某传
11  奇</a></td><td>6.43 万/25%</td><td>1271.97 万</td><td>0</td><td>725.72 万</td><td>0</td><td>
12  24.28 万</td><td>3114.63 万</td><td>8110.94 万</td><td>4.1 亿</td> </tr>
13          #此处省略，结构与上方<tr></tr>基本相同，电影数据不同
14          <tr class="even"><td class="right" colspan="10"><span class="des">以上数据仅供参考
15  </span></td> </tr>
16      </tbody>
17  </table>
```

movie.py 代码如下：

```
1   import re
2   import os
3   import sys
4   import urllib.request
5   BOR_amount=0.0
6   p_path=sys.path[0]                          # 获取当前路径
7   url='file:'+p_path+'/moviesample.htm'       # 得到网页所在路径
8   req = urllib.request.Request(url, headers={'User-Agent' : "Magic Browser"})
9   webpage= urllib.request.urlopen(req)
```

10	strw=webpage.read().decode("utf-8")
11	s=strw.find("电影名称</th><th>总场次/占比")
12	e=strw[s:].find("以上数据仅供参考")
13	strw_table=strw[s:s+e]
14	m=[]
15	reStr = """<tr class="[a-z]{3,4}"><td><a href="http://localhost/film/[0-9]+/boxoffice"
16	title=.+</tr>"""
17	m=re.findall(reStr,strw_ table)
18	if not m:
19	os._exit(0)
20	for t in m:
21	ss=[]
22	ss=re.findall(r'(\d+[\.]?\d*[%]?[^\x00-\xff]*)',t)
23	if ss:
24	BOR_amount+= float(ss[-3].replace('万',''))
25	else:
26	print("出错了！")
27	print("票房总额是： "+str(BOR_amount))

以上实例输出结果如下：

票房总额是：   6003.48

案例说明

- 第 2 行：导入 os 模块，os 模块包含基本的操作系统功能。本案例中第 19 行调用 os._exit() 会直接将 Python 程序中止，之后的所有代码都不会继续执行。exit(0)为无错误退出。
- 第 3 行：导入 sys 模块，sys 模块提供了一系列有关 Python 运行环境的变量和函数。本案例中第 6 行调用 sys.path[0]，获取当前 movie.py 所在目录。
- 第 4 行：导入 urllib.request 模块，为后续获取页面做准备。urllib.request 模块提供了最基本的构造 HTTP 请求的方法，利用它可以模拟浏览器的一个请求发起过程。
- 第 7 行：url='file:'+p_path+'/moviesample.htm'表示得到网页所在完整路径。
- 第 8 行：req = urllib.request.Request(url, headers={'User-Agent' : "Magic Browser"})表示先使用 request()包装请求，再通过 urlopen()获取页面。

urllib.request.Request 的基本语法如下：

urllib.request.Request(url, data=None, headers={}, method=None)

其中，headers（头部信息）可以携带以下信息：浏览器名、版本号、操作系统名、默认语言等。User Agent（用户代理）存放于 headers 中，服务器会通过查看 headers 中的 User Agent 来判断是谁在访问。

有些网站不喜欢被爬虫程序访问，所以会检测连接对象，如果发现是爬虫程序，就不会让用户继续访问，所以程序需要隐藏自己爬虫程序的身份。此时，可以通过设置 User Agent 来达到隐藏身份的目的。

- 第 9 行：webpage=urllib.request.urlopen(req)表示直接调用 urllib.request 模块中的 urlopen() 可以获取页面。

urlopen 返回对象提供方法如表 7-1 所示。

表 7-1　urlopen 返回对象提供方法

方　　法	描　　述
read()，readline()，readlines()，fileno()，close()	对 HTTPResponse 类型数据进行操作
info()	返回 HTTPMessage 对象，表示远程服务器返回的头信息
getcode()	返回 http 状态码。 如果是 http 请求，则 200 表示请求成功，404 表示网址未找到
geturl()	返回请求的 URL

> 第 10 行：webpage.read()的数据格式为 bytes 类型，需要用 decode("utf-8")解码，转换成 str 类型。
> 第 11 行：strw.find()利用 find 方法找到对应字符所在的位置。返回的是在字符串 strw 中的起始位置，它是个索引值。
> 第 11 行中的 s 得到的是开始的位置，第 12 行中的 e 得到的是结束的位置。第 13 行中，strw_table=strw[s:s+e]表示通过字符串获取的方式可以完成从大量 HTML 代码中找到需要进行分析的内容。
> 数据范围已经准备妥当，接下来要进行第一次数据过滤。第 17 行利用 re.findall()找到符合条件的数据，将其放到列表 m 中，条件就是第 15、16 行定义的规则表达式，规则如下：

<tr class="[a-z]{3,4}"><td><a href=http://localhost/film/[0-9]+/boxoffice" title=.+</tr>

其中：

① "[a-z]{3,4}" 表示由 a～z 字母中的任意 3～4 个组成的字符串。这样 class="odd"和 class="even"就可满足条件。

② "[0-9]+" 表示由多个 0～9 的数字构成的字符串。

③ ".+" 表示匹配任意多个字符。这样，程序将向后继续匹配，直到找到</tr>位置。

"." 表示匹配除 "\n" 外的任何单个字符；"+" 表示前一个字符匹配一次或多次。

定位到的 HTML 结构示例如下：

<tr class="odd"><td><a href="http://localhost/film/8080/boxoffice" title="某某历险记">某某历险记</a></td><td>9.16 万/27.1%</td><td>1166.11 万</td><td>0</td><td>660.33 万</td><td>0</td><td>30.63 万</td><td>2888.85 万</td><td>6827.81 万</td><td>8.61 亿</td> </tr>

> 第 18、19 行：如果匹配不到，则程序正常退出。
> 第 20 行：列表 m 中已经有多条类似于 HTML 结构示例中的数据，可使用 for 语句遍历。
> 第 22 行：执行 ss=re.findall(r'(\d+[\.]?\d*[%]?[^\x00-\xff]*)',t)，对 m 列表中的每一项进行过滤。现对 "\d+[\.]?\d*[%]?[^\x00-\xff]*" 进行分析：

① "\d+" 表示 1 个到多个数字。

② "[\.]?" 表示一个小数点或一个除号，"?" 表示前面这部分是可选的。这里的 "\." 表示这个点为字符点，而不是正则表达式中的匹配模式。

③ "\d*" 表示 0 个到多个数字。

④ "[%]?" 表示 0 个或 1 个%。

⑤ "[^\x00-\xff]*"中"^"表示非,"\x00-\xff"表示英文字符和数字的编码范围,"*"表示前面这部分有 0 到多个。

综上所述,满足条件的可以是整数、小数、带百分号的数、后方有字符(含中文字符)的数。

本案例中,经过正则表达式过滤后得到如下数据:

['8080', '9.16 万', '27.1%', '1166.11 万', '120.12 万', '660.33 万', '50.24 万', '30.63 万', '2888.85 万', '6827.81 万', '8.61 亿']
['8080', '6.43 万', '25%', '1271.97 万', '0', '725.72 万', '0', '24.28 万', '3114.63 万', '8110.94 万', '4.1 亿']
由于篇幅原因,只展示部分数据

> 第 22、23 行:表示获取列表 ss 中的票房数据。其中,"ss[-3]"为票房数据,"float(ss[-3].replace('万',''))"表达式先去除中文字符(万),然后转换成浮点型进行求和,算出票房总额。

> **练一练**:使用刚学过的方法完成下面数据的清洗任务。
>
> 已知网页样本 moviesample.htm 中含有各类电影市场票房信息,通过分析网页样本文件,综合利用正则表达式和字符串处理算法,获取票房表格信息。

7.1.3 工作手册页:案例

学习记录:_____

_____

_____

_____

_____

_____

_____

_____

_____

_____

_____

_____

关键知识点

1. 用代码实现案例【使用正则表达式进行网页解析】和【正则表达式在数据清洗中的应用】的功能。

2. 掌握正则表达式的基本概念,并对使用正则表达式的方法及常用的处理函数有初步的了解。

7.2 知识梳理

7.2.1 正则表达式

正则表达式是一个特殊的字符序列，它是一段描述字符串规则的代码，能帮助我们便捷地检查一个字符串是否与某种模式匹配。Python 提供了 re 模块支持正则表达式，re 模块使 Python 语言拥有全部的正则表达式功能，可提供 Perl 风格的正则表达式模式。

正则表达式并不是一个程序，它只是用于处理字符串的一种模式。正则表达式有自己的一套语法规则，功能十分强大。

下面介绍 Python 中各种常用的正则表达式处理函数。

7.2.2 修饰符

正则表达式可以包含一些可选标志修饰符来控制匹配的模式。修饰符是可选的，如表 7-2 所示。多个标志可以通过按位 OR(|) 来指定。

表 7-2 正则表达式中的修饰符

修饰符	描述
re.I	使匹配对大小写不敏感，可忽略大小写
re.L	做本地化识别（locale-aware）匹配，使预定字符类 \w \W \b \B \s \S 符合当前区域设定
re.M	多行模式，可改变"^"和"$"的行为
re.S	点任意匹配模式，可改变"."的行为
re.U	根据 Unicode 字符集解析字符。这个标志影响 \w \W \b \B
re.X	这个模式下正则表达式可以是多行的，可忽略空白字符，并能加入注释

7.2.3 模式

表 7-3 列出了正则表达式模式语法中的特殊元素。如果使用模式的同时提供了可选的标志参数，则某些模式元素的含义就会有所改变。

表 7-3 正则表达式模式语法中的特殊元素

模式	描述
^	匹配字符串的开头
$	匹配字符串的末尾
.	匹配任意字符，除了换行符；当 re.DOTALL 标记被指定时，可以匹配包括换行符的任意字符
[...]	用来表示一组字符，单独列出：[amk] 匹配 "a"、"m" 或 "k"
[^...]	不在[]中的字符：[^abc] 匹配除 a、b、c 外的字符
re*	匹配 0 个或多个表达式

续表

模　式	描　　述
re+	匹配 1 个或多个表达式
re?	匹配 0 个或 1 个由前面的正则表达式定义的片段，非贪婪方式
re{ n}	匹配 n 个前面表达式
re{ n,}	精确匹配 n 个前面表达式
re{ n, m}	匹配 n~m 次由前面的正则表达式定义的片段，贪婪方式
a| b	匹配 a 或 b
(re)	匹配括号内的表达式，也表示一个组
(?imx)	正则表达式包含三种可选标志：i、m 或 x。只影响括号中的区域
(?-imx)	正则表达式关闭 i、m 或 x 可选标志。只影响括号中的区域
(?: re)	类似于(...)，但是不表示一个组
(?imx: re)	在括号中使用 i、m 或 x 可选标志
(?-imx: re)	在括号中不使用 i、m 或 x 可选标志
(?#...)	注释
(?= re)	前向肯定界定符。当所含表达式能在字符串当前位置匹配时，表示成功
(?! re)	前向否定界定符。当所含表达式不能在字符串当前位置匹配时，表示成功
(?> re)	匹配的独立模式，省去回溯
\w	匹配字母、数字
\W	匹配非字母、数字
\s	匹配任意空白字符，等价于 [\t\n\r\f]
\S	匹配任意非空字符
\d	匹配任意数字，等价于 [0-9]
\D	匹配任意非数字
\A	匹配字符串开始
\Z	匹配字符串结束。如果存在换行，则只匹配到换行前的结束字符串
\z	匹配字符串结束
\G	匹配最后完成的位置
\b	匹配一个单词边界，也就是单词和空格间的位置，如 "er\b" 可以匹配 "never" 中的 "er"，但不能匹配 "verb" 中的 "er"
\B	匹配非单词边界，如 "er\B" 可以匹配 "verb" 中的 "er"，但不能匹配 "never" 中的 "er"
\n，\t	匹配一个换行符，匹配一个制表符
\1...\9	匹配第 n 个分组的内容
\10	匹配第 n 个分组的内容。如果匹配不了，\10 指的就是八进制字符码的表达式

注意：

（1）点符号只有被转义时才匹配自身，如点号（.）只有用\.才表示是点号；

（2）字母和数字表示它们自身，但是如果前面加一个反斜杠，则会有不同的含义；

（3）反斜杠本身需要使用反斜杠转义。

下面对具体的实例进行描述，如表 7-4 所示。

表 7-4 具体实例的描述

实 例	描 述
python	匹配 "python"
[Pp]ython	匹配 "Python" 或 "python"
rub[ye]	匹配 "ruby" 或 "rube"
[aeiou]	匹配括号内的任意一个字母
[0-9]	匹配任何数字,等价于[0123456789]
[a-z]	匹配任何小写字母
[A-Z]	匹配任何大写字母
[a-zA-Z0-9]	匹配任何字母及数字
[^abcde]	匹配除 abcde 字母外的所有字符
[^0-9]	匹配除数字外的字符
.	匹配除 "\n" 外的任何单个字符。要匹配包括 "\n" 在内的任何字符,可使用如 "[.\n]" 的模式
\d	匹配一个数字字符,等价于 [0-9]
\D	匹配一个非数字字符,等价于 [^0-9]
\s	匹配任何空白字符,包括空格、制表符、换页符等,等价于 [\f\n\r\t\v]
\S	匹配任何非空白字符,等价于 [^ \f\n\r\t\v]
\w	匹配包括下画线的任何单词字符,等价于 "[A-Za-z0-9_]"
\W	匹配任何非单词字符,等价于 "[^A-Za-z0-9_]"

7.2.4 compile 函数

compile 函数根据一个模式字符串和可选的标志参数生成一个正则表达式对象。该对象拥有一系列方法用于正则表达式匹配和替换。

函数语法:

| compile(pattern[,flags]) | # 根据包含正则表达式的字符串创建模式对象 |

compile 函数的第一个参数为 pattern 对象,第二个参数为 flags。flags 是匹配模式,可以使用按位或 "|" 表示同时生效。具体的匹配模式请参见 7.2.2 节 "修饰符"。

【例 7-1】compile 函数示例

```
1    import re
2    pattern1 = re.compile(r"""
3    \d +    # 整数部分
4    \.      # 小数点
5    \d *    # 小数部分""", re.X)
6    text = "abc12.3efg"
7    print(pattern1.findall(text))
```

案例说明

第 2～5 行利用三引号定义多行字符串,匹配带有小数点的数字。compile 函数中的第二个参数设置成 re.X，表示可以多行匹配。

以上实例输出结果如下：

['12.3']

7.2.5 match 函数

re.match 函数尝试从字符串的起始位置匹配一个模式，如果不是在起始位置匹配成功，match 函数就返回 None。

函数语法：

re.match(pattern, string, flags=0)

match 函数参数说明如表 7-5 所示。

表 7-5　match 函数参数说明

参　数	描　述
pattern	匹配的正则表达式
string	要匹配的字符串
flags	标志位，用于控制正则表达式的匹配模式，具体的匹配模式请参见 7.2.2 节

可以使用 group(num) 或 groups() 匹配对象函数来获取匹配表达式，如表 7-6 所示。

表 7-6　用 group(num) 和 groups() 匹配对象函数

方　法	描　述
group(num=0)	匹配整个表达式的字符串，可以一次输入多个组号，这样函数将返回一个元组，该元组包含指定组号的匹配字符串
groups()	返回一个包含所有小组匹配字符串的元组，从 1 到所含的小组号

【例 7-2】match 函数简单示例

1	import re
2	print(re.match('www', 'www-website-com').span())　　　　# 在起始位置匹配
3	print(re.match('com', 'www-website-com'))　　　　　　　　# 不在起始位置匹配

以上实例输出结果如下：

(0, 3)
None

【例 7-3】match 函数中 group 的使用

1	import re
2	line = "我 love 北京天安门，我 love 中国！"
3	mObj = re.match(r'love', line, re.M|re.I)
4	if mObj:

5	print ("mObj.groups() : ", mObj.group())
6	else:
7	print ("找不到!!")

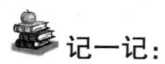

以上实例输出结果如下：

找不到!!

【例7-4】 match 函数中 group 的各种写法

1	import re
2	line = "我 love 北京天安门，我 love 中国！"
3	mObj = re.match(r'(.*?)love(.*)', line, re.M|re.I)
4	if mObj:
5	print ("mObj.groups() : ", mObj.groups())
6	print ("mObj.group() : ", mObj.group())
7	print ("mObj.group(0) : ", mObj.group(0))
8	print ("mObj.group(1) : ", mObj.group(1))
9	print ("mObj.group(2) : ", mObj.group(2))
10	else:
11	print ("没有找到!!")

以上实例输出结果如下：

```
mObj.groups() :   ('我', '北京天安门，我 love 中国！')
mObj.group() :    我 love 北京天安门，我 love 中国！
mObj.group(0) :   我 love 北京天安门，我 love 中国！
mObj.group(1) :   我
mObj.group(2) :   北京天安门，我 love 中国！
```

记一记：

上述案例中，表达式"(.*?)love(.*)"中用括号把正则表达式分成了两组，一组为"(.*?)"，另一组为"(.*)"，所以当程序执行完后，group(1)放的是第一组表达式匹配的字符串，group(2)放的是第二组表达式匹配的字符串。

7.2.6　search 函数

re.search 函数扫描整个字符串并返回第一个成功的匹配。如果匹配成功，则 re.search 函数返回一个匹配的对象，否则返回 None。

函数语法：

	re. search (pattern, string, flags=0)

search 函数参数说明如表 7-7 所示。

表 7-7　search 函数参数说明

参　　数	描　　述
pattern	匹配的正则表达式
string	要匹配的字符串
flags	标志位，用于控制正则表达式的匹配方式，如是否区分大小写、是否为多行匹配等

与 re.match 函数类似，可以使用 group(num) 或 groups() 匹配对象函数来获取匹配表达式。

【例 7-5】search 函数示例

1	#!/usr/bin/python3	
2	import re	
3	print(re.search('www', 'www-website-com').span())	# 在起始位置匹配
4	print(re.search('com', 'www-website-com').span())	# 不在起始位置匹配

以上实例输出结果如下：

(0, 3)
(11, 14)

【例 7-6】search 函数中 group 的使用

1	import re
2	sObj = re.search(r'love', line, re.M|re.I)
3	if sObj:
4	print ("sObj.groups() : ", sObj.group())
5	else:
6	print ("找不到!!")

以上实例输出结果如下：

sObj.group() :　love

【例 7-7】search 函数中 group 的各种写法

1	import re
2	line = "我 love 北京天安门，我 love 中国！"
3	sObj = re.search(r'(.*?)love(.*)', line, re.M|re.I)
4	if sObj:
5	print ("sObj.group() : ", sObj.group())
6	print ("sObj.group(1) : ", sObj.group(1))
7	print ("sObj.group(2) : ", sObj.group(2))
8	else:
9	print ("没有找到!!")

以上实例输出结果如下：

sObj.group() :　我 love 北京天安门，我 love 中国！

sObj.group(1)： 我
sObj.group(2)： 北京天安门，我 love 中国！

函数 re.match 与 re.search 的区别：re.match 函数只匹配字符串的开始，如果字符串的开始不符合正则表达式，则匹配失败，该函数返回 None；而 re.search 函数会匹配整个字符串，直到找到一个匹配项。

7.2.7 findall 函数

re.findall 函数的简单用法：返回 string 中所有与 pattern 相匹配的字符串，返回形式为数组。findall 函数会查找满足 pattern 正则表达式的所有字符串。

函数语法：

```
findall(pattern, string, flags=0)
```

参数说明与 re.match 函数相同。

【例 7-8】findall 函数查找

```
1  import re
2  re1 = re.findall(r"docs","https://localhost/docs/test/test123.html")
3  print (re1)
```

以上实例输出结果如下：

```
['docs']
```

【例 7-9】符号^表示匹配以 https 开头的字符串

```
1  import re
2  re2 = re.findall(r"^https","https://localhost/3/test/test123.html")
3  print (re2)
```

以上实例输出结果如下：

```
['https']
```

【例 7-10】用$符号表示匹配以 html 结尾的字符串

```
1  import re
2  re3 = re.findall(r"html$","https://localhost/3/test/test123.html")
3  print (re3)
```

以上实例输出结果如下：

```
['html']
```

【例 7-11】[...]表示匹配括号中的一个字符

```
1  import re
```

2	re4 = re.findall(r"[t,w]h","https:// localhost/3/test/what123.html")
3	print (re4)

以上实例输出结果如下：

['th', 'wh']

【例 7-12】d 在正则表达式里表示匹配 0～9 之间的数字，返回列表

1	import re
2	re5 = re.findall(r"\d","https://localhost/3/test/test123.html")
3	re6 = re.findall(r"\d\d\d","https://localhost/3/test/test123.html/1234")
4	print (re5)
	print (re6)

以上实例输出结果如下：

['3', '1', '2', '3']
['123', '123']

【例 7-13】d 表示取数字 0～9，D 表示不要数字，即取数字以外的字符

1	import re
2	re7 = re.findall(r"\D","https://localhost/3/test/test123.html")
3	print (re7)

以上实例输出结果如下：

['h', 't', 't', 'p', 's', ':', '/', '/', 'd', 'o', 'c', 's', '.', 'p', 'y', 't', 'h', 'o', 'n', '.', 'o', 'r', 'g', '/', '/', 't', 'e', 's', 't', '/', 't', 'e', 's', 't', '.', 'h', 't', 'm', 'l']

【例 7-14】w 表示匹配小写 a～z、大写 A～Z、数字 0～9 之间的字符

1	import re
2	re8 = re.findall(r"\w","https://localhost/3/test/test123.html")
3	print (re8)

以上实例输出结果如下：

['h', 't', 't', 'p', 's', 'l', 'o', 'c', 'a', 'l', 'h', 'o', 's', 't', '3', 't', 'e', 's', 't', 't', 'e', 's', 't', '1', '2', '3', 'h', 't', 'm', 'l']

【例 7-15】W 代表匹配除字母与数字外的特殊符号

1	import re
2	re9 = re.findall(r"\W","https://localhost/3/test/test123.html")
3	print (re9)

以上实例输出结果如下：

[':', '/', '/', '.', '.', '/', '.']

【例 7-16】电话号码 phone="1*5*8*1*0*3*3*6*1*1*0"，请用正则表达式将它变成 newphone=

"15810336110"

1	import re
2	phone='1*5*8*1*0*3*3*6*1*1*0'
3	ans = re.findall('\d+',phone)
4	for i in ans:
5	print(i,end='')

以上实例输出结果如下：

15810336110

7.2.8 检索和替换

Python 的 re 模块提供了 re.sub 函数，用于替换字符串中的匹配项。
函数语法如下：

re. sub (pattern, repl, string, count=0)

sub 函数参数说明如表 7-8 所示。

表 7-8 sub 函数参数说明

参数	描述
pattern	匹配的正则表达式
repl	替换的字符串，也可为一个函数
string	要匹配的字符串
count	模式匹配后替换的最大次数，默认为 0，表示替换所有的匹配项

【例 7-17】利用 sub 函数删除注释

1	import re	
2	phone = "0577-8668-1001"	# 这是一个电话号码
3	num = re.sub(r'#.*$', "", phone)	# 删除注释
4	print ("电话号码 : ", num)	
5	# 移除非数字的内容	
6	num1 = re.sub(r'\D', "", num)	
7	print ("电话号码 : ", num1)	

以上实例输出结果如下：

电话号码 ： 0577-8668-1001
电话号码 ： 057786681001

【例 7-18】将字符串中匹配到的数字乘以 2

1	import re
2	def double(matched):

```
3        value = int(matched.group('value'))
4        return str(value * 2)                    # 将匹配到的数字乘以 2
5    s = 'A23G4HFD567'
6    print(re.sub('(?P<value>\d+)', double, s))
```

以上实例输出结果如下:

A46G8HFD1134

7.2.9　工作手册页：知识要点

学习记录：＿＿＿＿＿＿＿＿＿＿＿＿＿＿＿＿＿＿＿＿＿＿＿＿＿＿＿＿＿＿＿＿＿＿＿＿

关键知识点

1. 掌握正则表达式、修饰符、模式、compile 函数、match 函数、search 函数、findall 函数、检索和替换等的使用方法。

2. 学会 re.match 函数与 re.search 函数的使用方法，并了解它们的区别。

7.3　小结与习题

7.3.1　小结

Python 针对字符串提供了很多实用的函数，同时 Python 还提供了一种用于复杂字符串处理的微型语言，即正则表达式。

正则表达式是一个特殊的字符序列，它能帮助用户便捷地检查一个字符串是否与某种模式匹配。正则表达式是对字符串操作的一种逻辑公式，就是用事先定义好的一些特定字符以及这些特定字符的组合，组成一个"规则字符串"，这个"规则字符串"用来表达对字符串的一种过滤逻辑。正则表达式是用来匹配字符串的非常强大的工具,在其他编程语言中同样有正则表达式的概念。利用正则表达式,我们从返回的页面内容中提取出想要的内容就变得易如反掌了。

正则表达式的匹配过程如下:

(1)依次拿出表达式和文本中的字符进行比较;

(2)如果每个字符都能匹配,则匹配成功,一旦有匹配不成功的字符则会失败;

(3)如果表达式中有量词或边界,这个过程就会稍微有一些不同。

本章介绍了正则表达式的基本概念和使用方法。读者可学会使用 Python 语言正则表达式处理函数,学会 re.match 函数与 re.search 函数的使用方法并了解它们的区别,学会使用替换字符串中匹配项的 re.sub 函数。同时通过实例的训练,读者可学会使用 Python 的正则表达式修饰符,以及熟悉正则表达式模式和一些常用参数的使用方法。

7.3.2 习题

1. 使用正则表达式匹配出任意给定字符串中的单词。
2. 使用正则表达式匹配"http:\\"关键字。
3. 使用正则表达式匹配合法的邮件地址。
4. 写一个正则表达式,使其能同时识别这些字符串:"get""net""but""hit""cat"。

7.4 课外拓展

大数据发展趋势

趋势一:数据的资源化

资源化是指大数据成为企业和社会关注的重要战略资源,并已成为大家争相抢夺的新焦点。对于企业来说,必须提前制订大数据营销战略计划,抢占市场先机。

趋势二:与云计算的深度结合

大数据离不开云处理,云处理为大数据提供了可拓展的基础设备,是产生大数据的平台之一。自 2013 年开始,大数据技术已开始和云计算技术紧密结合,两者关系越来越密切。除此之外,物联网、移动互联网等新兴计算形态,也让大数据营销发挥出更大的作用。

趋势三:科学理论的突破

随着大数据的快速发展,数据挖掘、机器学习和人工智能等相关的新兴技术,改变了数据世界里的很多算法和基础理论,不断实现科学技术上的突破。

趋势四:数据科学和数据联盟的成立

数据科学将成为一门专门的学科,被越来越多的人所认知。各大高校将设立专门的数据科学类专业,并催生一批与之相关的新的就业岗位。与此同时,基于数据这个基础平台,也将建立起跨领域的数据共享平台,使数据共享扩展到企业层面,并且成为未来产业的核心一环。

趋势五:数据泄露泛滥

未来几年数据泄露事件的增长率也许会达到 100%,除非数据在其源头就能够得到安全保障。可以说,在未来,每个财富 500 强企业都会面临数据攻击,无论它们是否已经做好安全防范。而所有企业，无论规模大小，都需要重新审视今天的安全定义。在财富500强企业中，超过50%将会设置首席信息安全官这个职位。企业需要从新的角度来确保自身以及客户数据的安全，所有数据在创建之初便需要获得安全保障，而并非在数据保存的最后一个环节，仅仅加强后者的安全措施已被证明于事无补。

趋势六：数据管理成为核心竞争力

数据管理成为企业的核心竞争力，直接影响财务表现。当"数据资产是企业核心资产"的概念深入人心之后，企业对于数据管理便有了更清晰的界定，将数据管理作为企业核心竞争力，持续发展、战略性规划与运用数据资产成为企业数据管理的核心。数据资产管理效率与主营业务收入增长率、销售收入增长率显著正相关。此外，对于具有互联网思维的企业而言，数据资产竞争力所占比重为36.8%，数据资产的管理效果将直接影响企业的财务表现。

趋势七：数据质量是BI（商业智能）成功的关键

采用自助式商业智能工具进行大数据处理的企业将会脱颖而出。其中要面临的一个挑战是，很多数据源会带来大量低质量数据。想要成功，企业需要理解原始数据与数据分析之间的差距，从而消除低质量数据并通过BI获得更佳的决策。

趋势八：数据生态系统复合化程度加强

大数据的世界不只是一个单一的、巨大的计算机网络，而是一个由大量活动构件与多元参与者元素所构成的生态系统，是由终端设备提供商、基础设施提供商、网络服务提供商、网络接入服务提供商、数据服务提供商、触点服务提供商、数据服务零售商等一系列参与者共同构建的生态系统。而今，这样一套数据生态系统的基本雏形已然形成，接下来的发展将趋向于系统内部角色的细分（也就是市场的细分）、系统机制的调整（也就是商业模式的创新）、系统结构的调整（也就是竞争环境的调整），等等，从而使得数据生态系统复合化程度逐渐增强。

（来源：百度百科）

> **素养勋章要点：**
> 论述大数据发展会给我们带来哪些利和弊。

7.5 实训

正则表达式

一、实训目的

1. 掌握正则表达式的使用方法。
2. 掌握常用的正则表达式处理函数的使用方法。

二、单元练习

（一）选择题

1. 匹配字符串abc，需要输入的正则表达式为（　　）。
   A．a.bc　　　　　　B．abc　　　　　　C．Abc　　　　　　D．abc.

2. 匹配以 abc 开头的所有字符串，需要输入的正则表达式为（　　）。
   A．abc.　　　　B．abc$　　　　C．^abc　　　　D．abc*
   E．abc.+　　　　F．abc?　　　　G．abc.*
3. 如果字符串中有*需要匹配，该输入的表达式为（　　）。
   A．*　　　　　B．*　　　　　C．*　　　　　　D．(*)

（二）填空题

运 算 符	描　　述
\d	
\D	
\s	
\w	
\W	
xy?	
x|y	
x*	
x+	
abc|def	
已知字符串：abbbc 正则表达式 ab*的结果为	
已知字符串：abbbc 正则表达式 ab*?的结果为	

三、实训任务

任务 1：【正则表达式基本训练】

现需要将字符串 phone="123-456-789"表达为"电话号码：123456789"，并打印出所需要的代码。

程序编写于下方

任务 2：【正则表达式提高练习】

编写正则表达式匹配一个 http url 请求，该请求以 abc.com 为一级域名，包含多种二级域名，并以.js 结尾，可能包含参数，如 http://123.abc.com/qwerty.js。

程序编写于下方

任务 3：【利用正则表达式进行敏感词替换】

利用正则表达式对字符串中的敏感词进行替换。要求：根据需要定义一个敏感词库，如 words=('暴力', '非法', '攻击')。然后用户输入一个字符串，如果该字符串中有 words 中的敏感词汇，将对该字符串进行替换（用***代替敏感词汇），最后把替换后的字符串打印出来。

程序编写于下方

四、拓展任务

任务：【正则表达式基本训练】

将字符串 S = 'A123B34CD233' 中匹配的数字乘以 3，并打印出代码。

例如，A369B102CD699。

程序编写于下方

第 8 章

Python 数据挖掘与分析

学习任务

本章将利用 Python 的综合知识进行具体案例的数据挖掘与分析。通过学习，读者应了解 Python 进行数据处理的过程，掌握数据获取与收集的方法，学会数据清洗和整理的方法，了解数据统计方法，最后能够利用可视化工具（matplotlib 库绘图）进行数据的展示，实现数据处理的完整流程。

知识点

- 数据的获取与收集
- 数据的清洗与整理
- 数据统计分析
- 数据的可视化展示

8.1 案例

8.1.1 电影数据读取、分析与展示

数据分析三部曲：

（1）源数据读取：通过编程完成对文件 film.csv 中电影信息数据的读取；

（2）数据预处理：对读取的数据进行清洗和整理；

（3）数据可视化展示：利用 Bar 函数编程输出影片的周平均票房（周平均票房指文件中所有涉及城市的周票房总平均），y 轴表示票房收入，单位为万元，x 轴表示电影名称，如图 8-1 所示。

1. 源数据解读

提供的源数据在 film.csv 中存放了电影名称、导演、主演、类型、票房、评分等信息，数据以 ";" 分隔，示例如下：

| 电影名称 | 上线时间 | 下线时间 | 出品公司 | 导演 | 主演 | 类型 | 票房 | 评分 |
| 《熊出没之夺宝熊兵》 | 2014.1.17 | 2014.2.23 | 深圳华强数字动漫有限公司 | 丁亮 | 熊大，熊二， |

其中周票房的说明如下：若某部电影从某月 2 日开始上映，则从当月 2 日到 8 日为其第 1 周票房，9 日至 15 日为其第 2 周票房，不满 1 周按 1 周计算，以此类推。

2. 代码解读与分析

1	`import pandas as pd`
2	`import numpy as np`
3	`import datetime`
4	`import matplotlib.pyplot as plt`
5	`# 文件读取`
6	`df=pd.read_csv('film.csv',delimiter=';',encoding='utf-8',names=[u'电影名称',u'上线时间',u'下线时间',u'`
7	`出品公司',u'导演',u'主演',u'类型',u'票房',u'评分'])`
8	`film=[u'《冲上云霄》',u'《破风》',u'《少年班》',u'《失孤》',u'《万物生长》']    # 影片名`
9	`dfz=pd.DataFrame(columns=[u'票房'])`
10	`zong_box=[]`
11	
12	`# 数据清洗`
13	`for k in range(len(film)):`
14	`    ans0302=df[df[u'电影名称']==film[k]].loc[:,[u'电影名称',u'上线时间',u'下线时间',u'票房',u'评分`
15	`']]    # 筛选三部影片数据`
16	`    ans0302 = ans0302.drop_duplicates().reset_index().drop('index', axis=1)   # 去重清洗`
17	`    # 清洗票房列数据，且转为 float 类型`
18	`    ans0302[u'票房'] = ans0302[u'票房'].str.split(u')').str[1].astype(float)`
19	`    # 将时间列转换为时间类型`
20	`    ans0302[u'上线时间'] = pd.to_datetime(ans0302[u'上线时间'])`
21	`    ans0302[u'下线时间'] = pd.to_datetime(ans0302[u'下线时间'])`
22	`    # 上映总天数`
23	`    day = (ans0302[u'下线时间'].max() - ans0302[u'上线时间'].min()).days+1`
24	`    ans0302=ans0302.groupby(u'电影名称').sum()`
25	`    ans0302[u'票房']=ans0302[u'票房']/(day//7+(day%7)) # 算出周平均票房`
26	`    zong_box.append(ans0302.values[0][0])          # 存入总票房`
27	`    dfz=pd.concat([dfz,ans0302])`
28	`dfz.columns=['film']   # 改列名`
29	`dfz=dfz.sort_values(by = 'film',axis = 0,ascending = True)    # 升序排序`
30	
31	`# 分析展示`
32	`dfz.plot(kind='bar')`
33	`plt.xticks(rotation=7)   # 旋转 x 轴文字`
34	`plt.show()`

3. 运行结果

利用 Bar 函数编程输出影片《冲上云霄》、《破风》、《少年班》、《失孤》与《万物生长》的周平均票房，如图 8-1 所示。

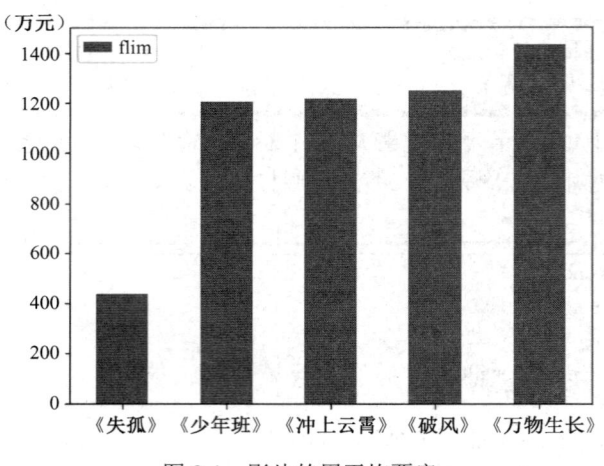

图 8-1　影片的周平均票房

8.1.2　电影数据分析与预测

根据现有数据，编写分析报告，分析电影市场情况并预测"××影业"计划投拍的电影《被盗走的青春》的评分。

选取需要的数据文件，依据观影俱乐部的观众评分，利用统计图表分析说明影片类型、导演等因素对观众的影响，以及导演擅长的影片类型，最后预测对于影片《被盗走的青春》的评分范围。

1. 数据背景

近年来，得益于国民经济的持续快速增长，以及国家对于文化产业的支持，整个电影文化十分繁荣。作为文化娱乐市场重要组成部分的电影市场已连续多年实现电影票房的快速增长，同时，吸引了各类社会资本（国有、民营、外资）积极进军电影业，从而进一步推动了电影业的良性快速发展。

投拍一部电影需要进行调查分析，深入了解电影市场的情况，才能提高票房收入，降低投资风险。为更好地分析电影总体发展状态及投资的可行性，需要对电影源数据进行采集、清洗、处理、分析和预测，以帮助投资者获得更高的收益。

一般来说，从市场上可获取有价值的电影数据包括电影名称、电影投映时段、导演、电影分类、电影评分数据及票房数据等。

本次分析主要针对不同类型观众对不同影片类型、不同导演、不同演员的偏好等进行分析，出具分析报告，最后根据该报告对《被盗走的青春》进行投资预测。

2. 源数据解读

提供的源数据在 film.csv 中存放了电影名称、导演、主演、类型、票房、评分等信息。

我们可以分析不同影片类型的评分、票房等情况，也可以分析不同导演、主演的评分、票房情况。

3. 数据预处理

为更好地对数据进行分析，我们需要对源数据进行预处理。

(1)导入文件数据,代码如下:

df= pd.read_csv('**film-csv.txt**', delimiter='**;**')

(2)进行数据清洗。

对空数据进行清理,代码如下:

df =df.dropna()

对重复数据进行清理,代码如下:

df=df.drop_duplicates()

对不规则数据进行整理,去除导演、类型中的特殊字符及空格等。

(3)进行数据预处理。

① 当一部电影为多人导演的影片时,可切成单人导演。

例如,将 | 电影名称 | 导演 |
| --- | --- |
| 《恶棍天使》 | 邓超、俞白眉 | 切为两条记录:

电影名称	导演
《恶棍天使》	邓超

、

电影名称	导演
《恶棍天使》	俞白眉

② 当一部电影为多个类型的影片时,切为单个类型。

例如,将 | 电影名称 | 影片类型 |
| --- | --- |
| 《恶棍天使》 | 喜剧/荒诞/爱情 | 切为三条记录:

电影名称	影片类型
《恶棍天使》	喜剧

、

电影名称	影片类型
《恶棍天使》	荒诞

、

电影名称	影片类型
《恶棍天使》	爱情

4.电影数据统计与分析

(1)求出所得数据中的评分最高值、评分最低值、评分中位数、评分均值,结果如下:

评分最高值	评分最低值	评分中位数	评分均值
9.2	2.4	5.6	5.56

数据表明,整体评分均值较低,电影制作水平还有很大的提升空间。

(2)按影片类型对票房数据进行分组统计,代码如下:

lx_c = lx_c.groupby(lx_c['**type**']).sum()

部分数据的统计结果如图 8-2 所示。

```
type        bor
动作      1716353.2
冒险      1077360.6
喜剧      1025257.3
科幻       771990.6
爱情       713602.2
剧情       447341.8
动画       378995.1
奇幻       246997.8
青春       155068.3
惊悚       153088.9
```

图 8-2 部分数据的统计结果(按类型)

其中，bor 代表票房总额（万元），type 表示类型。

类型总数：42 类。总票房：7935368.70 万元。平均票房：188937.35 万元。

数据表明：动作、冒险、喜剧类的电影票房最高，最受观众的欢迎。

（3）按导演对票房数据进行分组统计，代码如下：

dr_f=dr_f.groupby(dr_f['**dire**']).sum()

部分数据的统计结果如图 8-3 所示。

```
dire              bor
周星驰           339212.8
李仁港           174871.6
杰拉德·布什      153033.6
里奇·摩尔        153033.6
拜恩·霍华德      153033.6
邓肯·琼斯        147214.9
乔·罗素          124626.6
安东尼·罗素      124626.6
郑保瑞           120101.7
刘伟强           111818.8
```

图 8-3　部分数据的统计结果（按导演）

其中，bor 代表票房总额（万元），dire 表示导演姓名。

导演总数：105 位。总票房：3665802.10 万元。平均票房：34912.40 万元。

数据表明：周星驰、李仁港等导演的电影票房最高，最受观众的欢迎。

（4）按导演对其执导过的影片类型数量进行统计，代码如下：

newdt_f=newdt_f.groupby(newdt_f['**dire**']).count()

部分数据的统计结果如图 8-4 所示。

```
dire              type
李仁港             6
吕寅荣             5
叶伟信             5
亚历山德罗·卡罗尼   5
S·S·拉贾穆里       4
孙皓               4
戴夫·格林           4
刘镇伟             4
孙周               4
林永长             4
```

图 8-4　部分数据的统计结果（按导演执导的类型）

其中，type 代表执导过的影片类型数（类），dire 表示导演姓名。

导演总数：105 位。总类型频次：282 类。平均导演种类：2 类。

数据表明：李仁港导演拍摄过的影片类型高达 6 类。

（5）按类型对拍摄过的导演数量进行统计，代码如下：

newdt_f=newdt_f.groupby(newdt_f['**type**']).count()

其中，dire 代表影片类型被拍摄过的次数，type 表示电影类型。

数据表明：××类型的电影最受导演的欢迎，被××位导演拍摄过。

5. 数据可视化展示与分析

正确使用图表可以形象地表达数据。柱状图是一种以长方形的长度为变量的表达图形的统计报告图，由一系列高度不等的纵向条纹表示数据分布的情况，用来比较两个或以上的价值，因此非常适用显示不同数据之间的差距。为了表现不同影片类型、不同导演、不同电影票房收入的趋势，柱状图是最好的选择。

图 8-5 为各影片类型的总票房分析，不难看出，动作片是排名第一的电影类型，排名第二、三位的是冒险片和喜剧片，爱情片排到了第五位，而青春片排在了第九位。因此，××影业计划投拍的《被盗走的青春》可以尽量不往青春片方面拍，可以动作与冒险为主，迎合大众的口味，提高票房。

图 8-6 为各位导演的影片总票房，可以看出周星驰导演的票房收入最高，为第二位导演的两倍，可见该导演的吸金能力很强。所以，××影业计划投拍的《被盗走的青春》可以尝试请周星驰导演来拍，可能会有较好的票房收入。

图 8-7 为各位导演执导过的影片类型总数，可以看出，李仁港导演执导的影片类型总数最高。

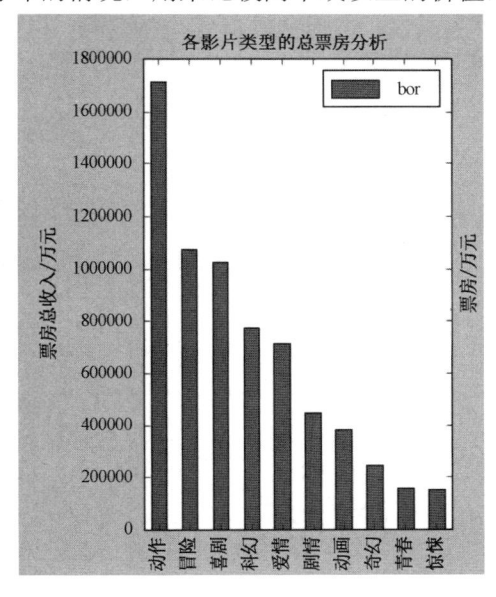

图 8-5　各影片类型的总票房分析

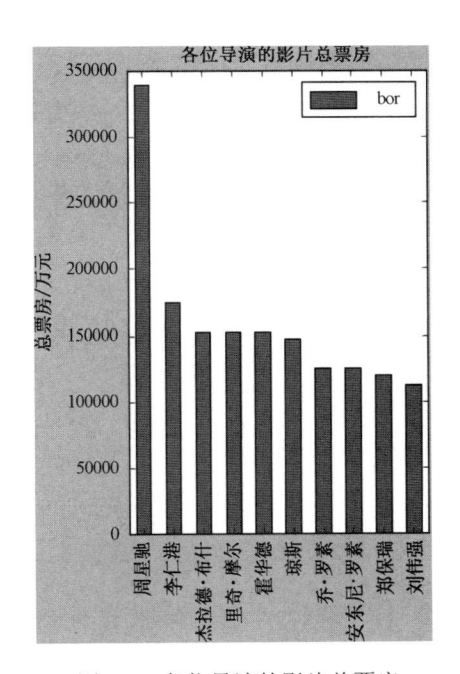

图 8-6　各位导演的影片总票房

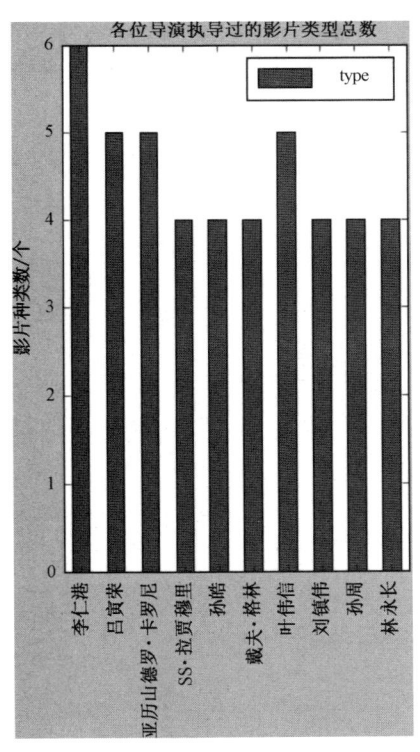

图 8-7　各位导演执导过的影片类型总数

6. 数据预测

根据需要，我们对将要拍摄的电影《被盗走的青春》的评分进行预测。依据原有对电影的评分进行预测，评测《被盗走的青春》的将来评分。

（1）电影类型定位。

根据拍摄主题，将《被盗走的青春》定位为校园、青春、剧情类型影片。

（2）获取这三种类型的评分信息及总体评分情况。

我们通过评分最高值、评分最低值、评分中位数、评分均值进行分析，如下所示：

类　　型	评分最高值	评分最低值	评分中位数	评 分 均 值
所有	9.8	3.0	5.95	6.28
校园	9.3	3.7	7.1	6.9
青春	9.1	3.7	7.1	6.8
剧情	9.5	3.1	7.2	6.7

因为××影业计划投拍的电影《被盗走的青春》类型为校园、青春、剧情中的一种，所以我们求出了这些类型的评分情况。根据表格可以得知：

如果拍成校园类电影，评分可能在 3.7～9.3 之间，评分均值为 6.9；

如果拍成青春类电影，评分可能在 3.7～9.1 之间，评分均值为 6.8；

如果拍成剧情类电影，评分可能在 3.1～9.5 之间，评分均值为 6.7。

当然如果拍成动作片会更迎合观众的口味，总票房收入也会更高。

8.1.3　工作手册页：案例

学习记录：_____

关键知识点

1．介绍案例【电影数据读取、分析与展示】的内容。

掌握数据分析的 3 个步骤。

（1）源数据读取。
（2）数据筛选与合并。
（3）数据输出。
2．介绍案例【电影数据分析与预测】的内容。
掌握数据分析与可视化的 4 个步骤。
（1）源数据的解读。
（2）数据清洗。
（3）数据透视表。
（4）数据可视化展示。
通过案例的讲解，使读者对数据分析、数据处理、数据可视化与预测等知识有初步的理解。

8.2 知识梳理

8.2.1 数据获取和收集

数据获取与收集是进行数据挖掘的第一步，如从网页中抓取数据，输出网页的源代码，得到源代码之后，再提取想要的链接、图片地址、文本等信息。数据获取和收集的方法有很多，下面介绍两种比较常见的方法。

1．从文件中导入数据

（1）read_csv()

使用 pandas 的 read_csv()方法，读取 csv 文件，参数是文件的路径：

pandas.read_csv(filepath_or_buffer, delimiter=None, names=None)

参数说明如表 8-1 所示。

表 8-1 read_csv()的参数说明

参　　数	描　　述
filepath_or_buffer	文件路径
delimiter	分隔符
names	列名

【例 8-1】从 csv 数据源获取数据

1	import numpy as np
2	import pandas as pd
3	data2=pd.read_csv('20161009.csv',delimiter=';')

（2）read_excel()

读取 Excel 需要通过 read_excel()实现，除了 pandas 还要安装第三方库 xlrd。
该函数主要的参数为 io、sheetname、header、names、encoding，如表 8-2 所示。

表 8-2 read_excel()的参数说明

参数	描述
io	Excel 文件，参数可以是文件路径、文件网址、file-like 对象、xlrd workbook
sheetname	返回指定的 Sheet，参数可以是字符串（Sheet 名）、整型（Sheet 索引）、list（元素为字符串和整型，返回字典{'key':'sheet'}）、none（返回字典，全部 Sheet）
header	指定数据表的表头，参数可以是 int、list of ints
names	返回指定 name 的列，参数为 array-like 对象
encoding	关键字，参数可指定以何种编码读取

该函数返回 pandas 中的 DataFrame 或 dict of DataFrame 对象，利用 DataFrame 的相关操作即可读取相应的数据（DataFrame 的具体操作请参考相关的资料，读者可自行学习）。

【例 8-2】从 Excel 数据源获取数据

1	import pandas as pd
2	import numpy as np
3	data1=pd.read_excel("filename.xlsx") # 使用 pandas 读取 Excel

2. 从网页中抓取数据

urllib 库是使用各种协议打开 url 的一个扩展包。

（1）urlopen()

最简单的使用方式是调用 urlopen()，方法如下：

urllib.request.urlopen(url[,data][,timeout])

【例 8-3】从网页数据源获取数据

1	import urllib.request
2	content_stream = urllib.request.urlopen('http://www.baidu.com')
3	data2 = content_stream.read().decode()
4	print(data2)

运行结果将打印出整个网页内容。

（2）Request()

HTTP 是基于请求和应答机制的，即客户端提出请求，服务器提供应答。urllib 库用一个 Request 对象来映射用户提出的 HTTP 请求：

urllib.request.Request(url[,data][, headers][, origin_req_host][, unverifiable])

默认的 urllib 库把自己作为"Python-urllib/x.y"（x 和 y 是指 Python 的主版本号和次版本号，如 Pythonurllib/3.6），这个身份可能会被服务器（403 Forbidden）拒绝访问。浏览器确认自己身份要通过 User-Agent 头部信息，并利用代码 headers={'User-Agent' : "Magic Browser"}把自身模拟成浏览器。

【例 8-4】从网页数据源获取数据

| 1 | import urllib.request |

2	url = 'http://www.baidu.com'
3	rqt = urllib.request.Request(url, headers={'User-Agent':"Magic Browser"})
4	webpage= urllib.request.urlopen(url)
5	data3 = webpage.read().decode()
6	print(data3)

8.2.2 数据清洗和整理

数据清洗和整理过程要根据具体的数据情况进行，可能会涉及很多操作，包括整理、去空、去重、合并、选取、数据准备等。下面介绍一些常用的功能操作。

1. dropna()：去掉 NAN 数据

```
dropna(axis=1,how='all')
```

axis=1 表示按列删除，默认为 axis=0，即按行删除。删除行使用参数 axis = 0，删除列的参数为 axis = 1，但一般不会这么做，因为那样会删除一个变量。

【例 8-5】模拟缺失数据，将 dropna()返回一个包含非空数据和索引值的 Series

1	import pandas as pd
2	from numpy import nan as NA
3	from pandas import Series,DataFrame
4	data = Series([1,2,NA,4,5])
5	print(data)
6	print('------------')
7	print(data.dropna())

以上实例输出结果如下：

```
0    1.0
1    2.0
2    NaN
3    4.0
4    5.0
dtype: float64
------------
0    1.0
1    2.0
3    4.0
4    5.0
```

对于 DataFrame 来说，dropna()会丢掉所有含空元素的数据。

【例 8-6】在 DataFrame 中使用 dropna()

1	import pandas as pd
2	from numpy import nan as NA
3	from pandas import Series,DataFrame
4	data = pd.DataFrame({

5	'a': [1, 2, 3, 4],
6	'b': [5, NA, 7, 8],
7	'c': [9, 10, NA, 12],
8	'd': [NA, NA, NA, NA]
9	})
10	print(data)
11	print('------------')
12	print(data.dropna())
13	print('------------')
14	print(data.dropna(how='all'))
15	print('------------')
16	print(data.dropna(axis=1))

以上实例输出结果如下:

```
     a    b     c    d
0    1  5.0   9.0  NaN
1    2  NaN  10.0  NaN
2    3  7.0   NaN  NaN
3    4  8.0  12.0  NaN
------------
Empty DataFrame
Columns: [a, b, c, d]
Index: []
------------
     a    b     c    d
0    1  5.0   9.0  NaN
1    2  NaN  10.0  NaN
2    3  7.0   NaN  NaN
3    4  8.0  12.0  NaN
------------
     a
0    1
1    2
2    3
3    4
```

2. drop(): 删除列

使用 drop() 删除 Series 的元素或 DataFrame 的某一行(列),其返回的是一个新对象,原对象不会被改变。

【例 8-7】 删除 Series 的一个元素

1	import pandas as pd
2	from numpy import nan as NA
3	from pandas import Series,DataFrame
4	data1 = Series([4.5,7.2,-5.3,3.6], index=['a','b','a','c'])
5	print(data1)

| 6 | print('------------------') |
| 7 | print(data1.drop('c')) |

以上实例输出结果如下：

```
a    4.5
b    7.2
a   -5.3
c    3.6
dtype: float64
------------------
a    4.5
b    7.2
a   -5.3
dtype: float64
```

【例 8-8】删除 DataFrame 的行或列

1	import pandas as pd
2	import numpy as np
3	from numpy import nan as NA
4	from pandas import Series,DataFrame
5	data2 = DataFrame(np.arange(9).reshape(3, 3), index=['a', 'b', 'c'], columns=['列 1', '列 2', '列 3'])
6	print(data2)
7	print('------------------')
8	print(data2.drop('c'))
9	print('------------------')
10	print(data2.drop(['列 1','列 3'],axis=1))

以上实例输出结果如下：

```
   列1  列2  列3
a   0   1   2
b   3   4   5
c   6   7   8
------------------
   列1  列2  列3
a   0   1   2
b   3   4   5
------------------
   列2
a   1
b   4
c   7
```

3. df.fillna()：填充，inplace 不产生副本

当数据中存在 NA 缺失值时，我们可以用其他数值进行替代，DataFrame.fillna()方法提供了填充缺失值的功能。

【例8-9】填充缺失值

1	import pandas as pd
2	from numpy import nan as NA
3	from pandas import Series,DataFrame
4	data = pd.DataFrame({
5	'a': [1, 2, 3, 4],
6	'b': [5, NA, 7, 8],
7	'c': [9, 10, NA, 12],
8	'd': [NA, NA, NA, NA]
9	})
10	print(data)
11	print('------------')
12	print(data.fillna(0))

以上实例输出结果如下：

```
     a    b     c    d
0    1  5.0   9.0  NaN
1    2  NaN  10.0  NaN
2    3  7.0   NaN  NaN
3    4  8.0  12.0  NaN
------------
     a    b     c    d
0    1  5.0   9.0  0.0
1    2  0.0  10.0  0.0
2    3  7.0   0.0  0.0
3    4  8.0  12.0  0.0
```

4．isnull()、notnull()：测试空（not null）值，返回True、False

在数据分析的过程中，出现数据不完整的情况很常见。pandas 使用浮点值 NaN 表示浮点和非浮点数组里的缺失数据。pandas 可以使用 isnull()和 notnull()来判断缺失情况。

【例8-10】判断缺失情况

1	import pandas as pd
2	from numpy import nan as NA
3	from pandas import Series,DataFrame
4	data = Series([1,2,NA,4,5])
5	print(data)
6	print('------------')
7	print(data.isnull())
8	print('------------')
9	print(data[data.notnull()])

以上实例输出结果如下：

```
0    1.0
1    2.0
```

```
2    NaN
3    4.0
4    5.0
dtype: float64
------------
0    False
1    False
2     True
3    False
4    False
dtype: bool
------------
0    1.0
1    2.0
3    4.0
4    5.0
dtype: float64
```

5. duplicated()：标记重复记录，返回 True、False

Pandas 提供 duplicated、Index.duplicated、drop_duplicates 等函数用于标记和删除重复记录，其中 duplicated()用于标记 Series 中的值、DataFrame 中的记录行是否重复，重复为 True，不重复为 False。

pandas.DataFrame.duplicated(self, subset=None, keep='first')
pandas.Series.duplicated(self, keep='first')

其参数说明如表 8-3 所示。

表 8-3　duplicated()参数说明

参数	描述
subset	用于识别重复的列标签或列标签序列，默认为所有列标签
keep	keep='frist'：除第一次出现外，其余相同的被标记为重复 keep='last'：除最后一次出现外，其余相同的被标记为重复 keep=False：所有相同的都被标记为重复

【例 8-11】标记重复记录

1	from numpy import nan as NA
2	from pandas import Series,DataFrame
3	s = pd.Series(['one', 'one', 'two', 'two', 'four', 'three', 'two'] ,index= ['a', 'a', 'b', 'c', 'b', 'a','c'],name='sname')
4	print(s)
5	print('------------')
6	print(s.duplicated())
7	print('------------')
8	print(s.duplicated('last'))
9	print('------------')
10	print(s.duplicated(False))

以上实例输出结果如下：

```
a    one
a    one
b    two
c    two
b    four
a    three
c    two
Name: sname, dtype: object
------------
a    False
a    True
b    False
c    True
b    False
a    False
c    True
Name: sname, dtype: bool
------------
a    True
a    False
b    True
c    True
b    False
a    False
c    False
Name: sname, dtype: bool
------------
a    True
a    True
b    True
c    True
b    False
a    False
c    True
Name: sname, dtype: bool
```

6. drop_duplicates ()：删除重复记录

drop_duplicates()用于删除 Series、DataFrame 中的重复记录，并返回删除重复记录后的结果。

pandas.DataFrame.drop_duplicates(self, subset=None, keep='first', inplace=False)
pandas.Series.drop_duplicates(self, keep='first', inplace=False)

【例 8-12】删除重复记录

1	import pandas as pd
2	from numpy import nan as NA
3	from pandas import Series,DataFrame
4	s = pd.Series(['one', 'one', 'two', 'two', 'four', 'three', 'two'] ,index= ['a', 'a', 'b', 'c', 'b', 'a','c'],name='sname')

5	print(s)
6	print('------------')
7	print(s.drop_duplicates())
8	print('------------')
9	# inplace=True 表示在原对象上执行删除操作
10	print(s.drop_duplicates(keep='last',inplace=True))
11	print('------------')
12	print(s)

以上实例输出结果如下：

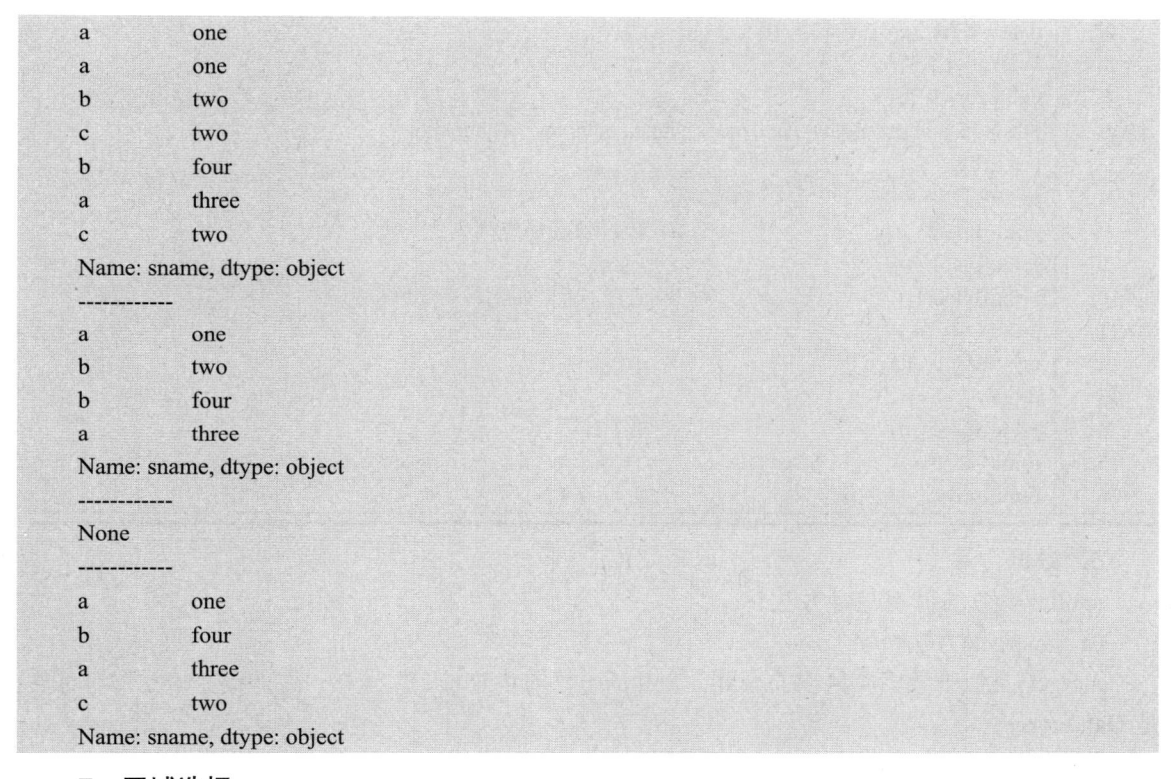

```
a       one
a       one
b       two
c       two
b       four
a       three
c       two
Name: sname, dtype: object
------------
a       one
b       two
b       four
a       three
Name: sname, dtype: object
------------
None
------------
a       one
b       four
a       three
c       two
Name: sname, dtype: object
```

7．区域选择

loc：通过行标签索引行数据，具体用法如表 8-4 所示。

表 8-4　loc 用法

loc 用法	描　　述
loc[1]	索引的是第 1 行（如果 index 是整数）
loc['d']	索引的是第"d"行（如果 index 是字符）
loc[1:5,]	索引的是 1～5 行全部列
loc[:,['x', 'y']]	索引的是所有行的 x 和 y 两列

iloc：通过行号获取行数据，具体用法如表 8-5 所示。

表 8-5　iloc 用法

iloc 用法	描　　述
iloc[1]	索引的是第 1 列（如果 index 是整数）
iloc['d']	索引的是第 "d" 列（如果 index 是字符）
iloc[1:5,[x,y]]	索引的是 1～5 行的 x 和 y 两列

【例 8-13】区域选择

```
1   import pandas as pd
2   data = [[1,2,3],[4,5,6],[7,8,9]]
3   index = [1,2,3]
4   columns=['a','b','c']
5   df = pd.DataFrame(data=data, index=index, columns=columns)
6   print(df)
7   print('------------')
8   print(df.loc[1:2])              # 第 1、2 行所有列
9   print('------------')
10  print(df.loc[1:])               # 从第 1 行开始到最后的所有列
11  print('------------')
12  print(df.loc[:,['a','c']])      # a 和 c 两列
13  print('------------')
14  print(df.iloc[0])               # 第 1 行
15  print('------------')
16  print(df.iloc[:,[1,2]])         # 第 1、2 列
```

8. 数据合并

pandas 数据合并有三种方法。

（1）merge() 方法

merge() 类似于数据库风格的合并，合并的方法有内连接、左连接、右连接，其操作的对象是 DataFrame。

```
pd.merge(df1,df2,on="key", how="left or right")
```

DataFrame 还有一个 join() 方法可以索引作为连接。

【例 8-14】merge() 方法的应用

```
1   import numpy as np
2   import pandas as pd
3   from pandas import DataFrame
4   df1 = DataFrame({'key': ['a', 'a', 'b', 'c', 'b', 'd', 'd'],
5                    'data1': range(7)})
6   df2 = DataFrame({ 'key': ['a', 'b', 'd'],
7                    'data2': range(3),
8                    'data3':range(3,6)})
9   mdf=pd.merge(df1, df2)
10  print(mdf)
```

以上实例输出结果如下：

```
   data1 key  data2 data3
0    0   a    0     3
1    1   a    0     3
2    2   b    1     4
3    4   b    1     4
4    5   d    2     5
5    6   d    2     5
```

（2）concat()方法

concat()是一种轴向连接，即沿着一条轴将多个对象堆叠在一起，其操作的对象是 Series。默认情况下，concat()在纵轴(axis=0)上连接，产生一个新的 Series。

pd.concat(s1,s2,axis=1)

【例 8-15】concat()方法的应用

1	import numpy as np
2	import pandas as pd
3	from pandas import Series, DataFrame
4	s1 = Series([1, 2], index=['a', 'b'])
5	s2 = Series([3, 4, 5], index=['c', 'd', 'e'])
6	s3 = Series([6, 7], index=['f', 'g'])
7	ss=pd.concat([s1, s2, s3])
8	st=pd.concat([s1,s2,s3],axis=1)
9	print(ss)
10	print('-----------')
11	print(st)

以上实例输出结果如下：

```
a    1
b    2
c    3
d    4
e    5
f    6
g    7
dtype: int64
-----------
     0    1    2
a  1.0  NaN  NaN
b  2.0  NaN  NaN
c  NaN  3.0  NaN
d  NaN  4.0  NaN
e  NaN  5.0  NaN
f  NaN  NaN  6.0
g  NaN  NaN  7.0
```

（3）combine_first()方法

combine_first()以实例方法合并重叠的数据。

s1.combine_first(s2)

【例 8-16】combine_first()方法的应用

1	import numpy as np
2	import pandas as pd
3	from pandas import Series, DataFrame
4	s1 = Series([1, 2], index=['a', 'b'])
5	s2 = Series([3, 4, 5], index=['c', 'd', 'e'])
6	print(s1)
7	print('-----------')
8	print(s2)
9	ss= s1.combine_first(s2)
10	print('-----------')
11	print(ss)
12	print('-----------')

以上实例输出结果如下：

```
a    1
b    2
dtype: int64
-----------
c    3
d    4
e    5
dtype: int64
-----------
a    1.0
b    2.0
c    3.0
d    4.0
e    5.0
dtype: float64
```

9. 其他

pandas 的功能相当强大，还支持很多其他的功能，由于篇幅的原因，这里不再赘述。若感兴趣，读者可以参见 pandas 的相关手册。

8.2.3 数据统计分析

下面介绍几种在数据统计分析中常用的方法。

1. 标准统计函数

pandas 支持的标准统计函数有很多，包括 sum（和）、median（中位数）、var（方差）、std（标准差）、mean（平均数）、quantile（分位数）、min（最小）、max（最大）、describe（列数据简报）、count（非空计数）、pct_change（百分数变化）等。这里只列举几个，其余写法基本相似。

【例 8-17】 求均值 mean()方法的应用

```
1   import numpy as np
2   import pandas as pd
3
4   df=pd.DataFrame(data=[[2.5,np.nan],[3.8,-4.4],[np.nan,np.nan],[0.25,-1.5]],
5                   index=["a","b","c","d"],
6                   columns=["one","two"])
7   print('------df------')
8   print(df)
9
10  # 直接使用 mean()方法，自动跳过 NaN 值
11  print('------df.mean()------')
12  print(df.mean())
13
14  # 按行求平均数
15  print('------df.mean(axis=1)------')
16  print(df.mean(axis=1))
17
18  # skipna=False 不跳过 NaN 值
19  print('------df.mean(axis=1,skipna=False):------')
20  print(df.mean(axis=1,skipna=False))
```

以上实例输出结果如下：

```
------df------
     one    two
a    2.50   NaN
b    3.80   -4.4
c    NaN    NaN
d    0.25   -1.5
------df.mean()------
one    2.183333
two   -2.950000
dtype: float64
------df.mean(axis=1)------
a     2.500
b    -0.300
c      NaN
d    -0.625
dtype: float64
------df.mean(axis=1,skipna=False):------
a      NaN
b    -0.300
c      NaN
d    -0.625
dtype: float64
```

2. 数据分组

pandas 提供了一个灵活高效的 groupby 功能，它可以对数据集进行切片、切块、摘要等操作。

【例 8-18】groupby 操作

1	import numpy as np
2	import pandas as pd
3	
4	df=pd.DataFrame(data=[[2.5,5],[1,-4.4],[2,10],[1,-1.5]],
5	columns=["one","two"])
6	print('------df------')
7	print(df)
8	print('------groupby------')
9	grouped = df['two'].groupby(df['one'])
10	print(grouped.sum())

以上实例输出结果如下：

```
------df------
   one  two
0  2.5  5.0
1  1.0  -4.4
2  2.0  10.0
3  1.0  -1.5
------groupby------
one    two
1.0    -5.9
2.0    10.0
2.5    5.0
Name: two, dtype: float64
```

上例中，变量 grouped 是一个 groupby 对象，它实际上并没有进行任何计算，只是含有一些有关分组键 df['key1'] 的中间数据而已，我们可以调用 groupby 的 sum 函数来计算分组求和。

3. 筛选和排序

在数据分析统计中经常会对数据表中的数据使用指定的条件进行筛选和计算。在 pandas 中通过 sort 函数和 loc 函数也可以实现筛选和排序。sort 函数可以实现对数据表的排序操作，loc 函数可以实现对数据表的筛选操作。loc 函数在 8.2.2 节中已经进行相应的介绍。

【例 8-19】排序操作

1	import numpy as np
2	import pandas as pd
3	df=pd.DataFrame(data=[[2.5,5],[1,-4.4],[2,10],[1,-1.5]],
4	columns=["one","two"])
5	# 前两行
6	print(df.head(2))
7	# df 按索引升序排序，默认是升序
8	print(df.sort_index())
9	# df 按索引降序排序
10	print(df.sort_index(ascending=False))
11	# 第一行按升序排序，默认是升序

12	print(df.sort_index(axis=1))
13	# 第一行按降序排序
14	print(df.sort_index(axis=1, ascending=False))
15	# 以 one 这一列的值进行排序，默认从小到大
16	print(df.sort_values(by='one'))
17	# 以 one 这一列的值进行排序，从大到小
18	print(df.sort_values(by='one', ascending=False))

8.2.4 数据可视化

matplotlib 是 Python 中的一个二维图库，尽管它的起源是仿 MATLAB 的图形命令，但是它与 MATLAB 不相关，并且是以对象方式运行于 Python 环境下的。

matplotlib 库的设计哲学是：你可以只用一点点甚至一行命令行来创建一个简单的平面图。假如你想看数据表示的柱状图，也不需要进行如下繁杂的步骤：初始化对象、调用方法、设置属性等。matplotlib 库可提供方便快捷的绘图模块，所以它是非常简单、易用的数据可视化工具。

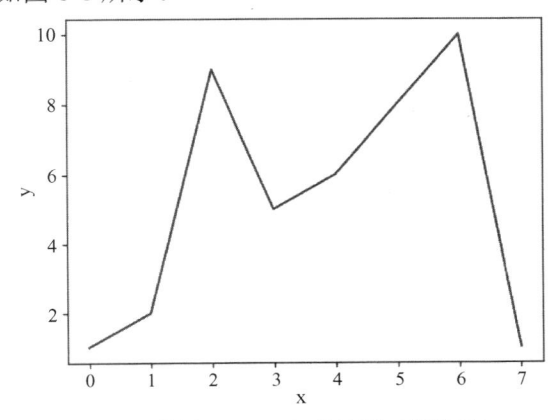

使用 matplotlib 库绘图的操作很简单，只需要 5 个步骤。

步骤 1. 创建一个图纸（figure）。

步骤 2. 在图纸上创建一个或多个绘图（plotting）区域（也叫子图、坐标系/轴、axes）。

步骤 3. 在 plotting 区域描绘点、线等各种 marker。

步骤 4. 为 plotting 添加修饰标签（绘图线上或坐标轴上）。

步骤 5. 根据需要可以进行自定义。

【例 8-20】使用 matplotlib 库绘图（折线图）

1	import numpy as np
2	import matplotlib.pyplot as plt
3	ls_x=[0,1,2,3,4,5,6,7]
4	ls_y=[1,2,9,5,6,8,10,1]
5	plt.plot(ls_x,ls_y)
6	plt.show()

以上实例输出结果如图 8-8 所示。

图 8-8　使用 matplotlib 库绘图（折线图）

【例8-21】使用 matplotlib 库绘图（多曲线）

1	import numpy as np
2	import matplotlib.pyplot as plt
3	t=np.arange(0,5,0.1)
4	plt.plot(t,t,t,t+3,t,t**2)
5	plt.show()

以上实例输出结果如图 8-9 所示。

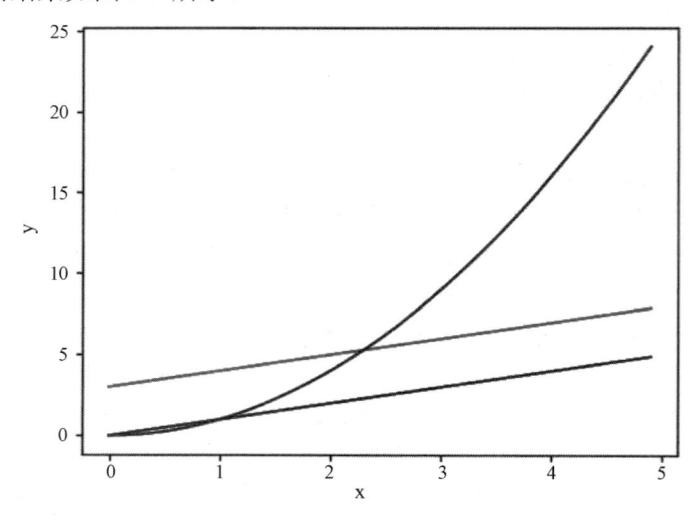

图 8-9　使用 matplotlib 库绘图（多曲线）

【例8-22】使用 matplotlib 库绘图（单曲线）

1	import numpy as np
2	import matplotlib
3	import matplotlib.pyplot as plt
4	ls_x=[0,1,2,3,4,5,6,7]
5	ls_y=[11,2,11,15,26,8,3,1]
6	plt.plot(ls_x,ls_y)
7	plt.title('title')
8	plt.xlabel('x')
9	plt.ylabel('y')
10	plt.show()

以上实例输出结果如图 8-10 所示。

使用 matplotlib 库绘图时还可以设置文字和字体属性、坐标轴和网格属性、子图（axes）子区（subplots）、色彩和样式、线宽、每英寸点数、图像大小等，具有强大的功能。感兴趣的读者可以查阅它的相关手册。

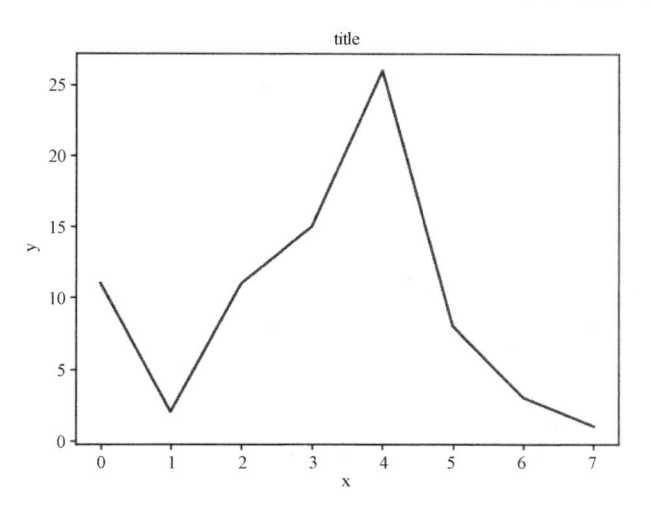

图 8-10　使用 matplotlib 库绘图（单曲线）

8.2.5　工作手册页：知识要点

学习记录：_____

_____

_____

_____

_____

_____

_____

_____

_____

_____

_____

_____

关键知识点

1．了解 Python 进行数据处理的过程；学会使用 numpy、pandas、matplotlib 等工具；掌握数据获取与收集的方法；学会数据清洗和整理的方法；了解数据统计的方法，能够利用可视化工具进行数据的展示，实现数据处理的完整流程。

2．掌握（1）numpy 安装与常用函数；（2）pandas 安装与常用函数；（3）matplotlib 库的安装与常用函数；（4）数据的获取与收集；（5）数据的清洗与整理；（6）数据统计分析；（7）数据的可视化展示等内容。

8.3 小结与习题

8.3.1 小结

在 8.1.1 节案例中，读者根据提供的电影数据进行读取、分析，再利用可视化编程输出各影片的周平均票房。8.1.2 节案例在现有电影数据的基础上进行数据分析，分析电影市场情况并预测"××影业"计划投拍的电影《被盗走的青春》的评分。

数据分析三要素：首先是数据本身，其次是数据准备工作，即清理与选择能够代表数据特点的具体特征，最后是利用正确的机器学习法，适当描述数据。选择正确的算法是数据分析三要素最重要的一个环节。

通过本章的学习，读者将学会如何对数据进行挖掘和分析，包括学会数据获取和收集的方法，对数据进行清洗和整理的方法，以及采用数据统计的方法进行分析。同时通过实例的训练，使读者进一步学会数据分组，以及数据合并、用 matplotlib 库对数据做可视化操作等。

8.3.2 习题

1. 简述数据获取和收集的方法。
2. 列举 pandas 支持的标准统计函数。
3. 列举 pandas 数据合并的三种方法。
4. 简述使用 matplotlib 库绘图的步骤。

8.4 课外拓展

区块链是分布式数据存储、点对点传输、共识机制、加密算法等计算机技术的新型应用模式。所谓共识机制是在区块链系统中实现不同节点之间建立信任、获取权益的数学算法。

区块链（Blockchain）是比特币的一个重要概念，它本质上是一个去中心化的数据库，同时作为比特币的底层技术。区块链是一串使用密码学方法相关联产生的数据块，每一个数据块中包含了一次比特币网络交易的信息，用于验证其信息的有效性（防伪）和生成下一个区块。

狭义来讲，区块链是一种按照时间顺序将数据区块以顺序相连的方式组合成的一种链式数据结构，并以密码学方式保证的不可篡改和不可伪造的分布式账本。

广义来讲，区块链技术是利用块链式数据结构来验证与存储数据、利用分布式节点共识算法来生成和更新数据、利用密码学的方式保证数据传输和访问的安全、利用由自动化脚本代码组成的智能合约来编程和操作数据的一种全新的分布式基础架构与计算方式。

一般来说，区块链系统由数据层、网络层、共识层、激励层、合约层和应用层组成。其中，数据层封装了底层数据区块以及相关的数据加密和时间戳等基础数据和基本算法；网络层则包括分布式组网机制、数据传播机制和数据验证机制等；共识层主要封装网络节点的各类共识算法；激励层将经济因素集成到区块链技术体系中来，主要包括经济激励的发行机制和分配机制等；合约层主要封装各类脚本、算法和智能合约，是区块链可编程特性的基础；应用层则封装了区块链的各种应用场景和案例。该模型中，基于时间戳的链式区块结构、分布式节点的共识机制、基于共识算力的经济激励和灵活可编程的智能合约是区块链技术最具代表性的创新点。

区块链是一种去中心化的数据库。它包含一张被称为区块的列表，有着持续增长并且排列整齐的记录。每个区块都包含一个时间戳和与前一个区块的链接：设计区块链使得数据不可篡改。一旦记录下来，在一个区块中的数据将不可逆。

区块链的设计是一种保护措施，如（应用于）高容错的分布式计算系统。区块链使混合一致性成为可能。这使区块链适合记录事件、标题、医疗记录和其他需要收录数据的活动、身份识别管理，交易流程管理和出处证明管理。

2008 年由中本聪第一次提出了区块链的概念，在随后的几年中，成为电子货币比特币的核心组成部分，即作为所有交易的公共账簿。通过利用点对点网络和分布式时间戳服务器，区块链数据库能够进行自主管理。为比特币而发明的区块链使它成为第一个解决重复消费问题的数字货币。比特币的设计已经成为其他应用程序的灵感来源。

1991 年，由 Stuart Haber 和 W. Scott Stornetta 第一次提出关于区块的加密保护链产品，随后的相关文章分别由 Ross J. Anderson 与 Bruce Schneier、John Kelsey 在 1996 年和 1998 年发表。与此同时，Nick Szabo 在 1998 年进行了电子货币分散化的机制研究，他称此为比特金。2000 年，Stefan Konst 发表了加密保护链的统一理论，并提出了一整套的实施方案。

区块链格式作为一种使数据库安全而不需要行政机构授信的解决方案首先被应用于比特币。2008 年 10 月，在中本聪的原始论文中，"区块"和"链"这两个字是被分开使用的，而在被广泛使用时被合称为区块-链，到 2016 年才被变成一个词"区块链"。在 2014 年 8 月，比特币的区块链文件大小达到了 20GB。

到 2014 年，"区块链 2.0"成为一个关于去中心化区块链数据库的术语。对这个第二代可编程区块链，经济学家认为"它是一种编程语言，可以允许用户写出更精密和智能的协议，因此，当利润达到一定程度的时候，就能够从完成的货运订单或共享证书的分红中获得收益"。区块链 2.0 技术跳过了交易和"价值交换中担任金钱和信息仲裁的中介机构"。它们使人们"将掌握的信息兑换成货币"，并且有能力保证知识产权的所有者得到收益。第二代区块链技术使存储个人的"永久数字 ID 和形象"成为可能，并且对"潜在的社会财富分配"的不平等提供了解决方案。

在 2016 年，俄罗斯联邦中央证券所（NSD）宣布了一个基于区块链技术的试点项目。许多在音乐产业中具有监管权的机构开始利用区块链技术建立测试模型，用来征收版税和世界范围内的版权管理。这年区块链在经济领域获得 13.5%的使用率，使其达到了早期开发阶段。行业贸易组织还共创了全球区块链论坛，这就是电子商业商会的前身。

中本聪创造了第一个区块，即"创世区块"。区块链的时间戳服务和存在证明，第一个区块链产生的时间和当时正发生的事件被永久性地保留了下来。比特币公司于 2015 年推出了一项"千年之链"服务，即区块链刻字服务，就采用了以上原理。用户可以通过这项服务将文字刻在区块链上，永久保存。

自 2009 年以来，出现了各种各样的类比特币的数字货币，都是基于公有区块链的。这些数字货币包括 bitcoin、litecoin、dogecoin、dashcoin。除货币的应用之外，还有各种衍生应用，如 Ethereum、Asch 等底层应用开发平台，以及 NXT、SIA、比特股、MaidSafe、Ripple 等行业应用。

2016 年 1 月 20 日,中国人民银行数字货币研讨会宣布对数字货币研究取得了阶段性成果。会议肯定了数字货币在降低传统货币发行等方面的价值，并表示央行正在探索发行数字货币。

2016年12月20日,数字货币联盟——中国FinTech数字货币联盟及FinTech研究院正式筹建,火币是联合发起单位之一。

我们可以把区块链的发展类比互联网本身的发展,未来会在Internet上形成一个Finance-Internet,它是基于区块链的,其前驱是bitcoin,即传统金融从私有链、行业链出发(局域网)。bitcoin系列从公有链(广域网)出发,都表达了同一种概念——数字资产(DigitalAsset),最终向一个中间平衡点收敛。

区块链的进化方式如下:
- 区块链1.0:数字货币。
- 区块链2.0:数字资产与智能合约。
- 区块链3.0:各种行业分布式应用落地。

区块链分为三类,即公有区块链、联合(行业)区块链和私有区块链,其后两类可以认为是广义的私链。

公有区块链(Public Blockchain)

公有区块链:指世界上任何个体或团体都可以发送交易,且交易能够获得该区块链的有效确认,任何人都可以参与其共识过程。公有区块链是最早的区块链,也是应用最广泛的区块链,各大bitcoin系列的虚拟数字货币均基于公有区块链,世界上有且仅有一条该币种对应的区块链。

联合(行业)区块链(Consortium Blockchain)

联合(行业)区块链:由某个群体内部指定多个预选的节点为记账人,每个块的生成由所有的预选节点共同决定(预选节点参与共识过程),其他接入节点可以参与交易,但不过问记账过程(本质上还是托管记账,只是变成分布式记账,预选节点的多少、如何决定每个块的记账者成为该区块链的主要风险点),其他任何人都可以通过该区块链开放的API进行限定查询。

私有区块链(Private Blockchain)

私有区块链:仅使用区块链的总账技术进行记账,可以是一个公司,也可以是个人,独享该区块链的写入权限,本链与其他的分布式存储方案没有太大区别。保守的巨头(传统金融)都想尝试私有链,而公有链的应用(如bitcoin)已经工业化,私有链的应用产品还在摸索当中。

(来源:百度百科)

素养勋章要点:

1. 区块链去中心化是什么意思?
2. 论述区块链技术在隐私保护中的作用体现在哪些方面。

8.5 实训

数据挖掘与分析

一、实训目的

1. 了解Python进行数据处理的过程。
2. 掌握数据获取与收集的方法。

3．学会数据清洗和整理的方法。
4．了解数据统计的方法。
5．能够利用可视化工具进行数据的展示。

二、实训任务

任务1：【爬取样本网页】

样本文件为 8.1.1 节中的网页样本 moviesample1.htm，利用 Python 爬取样本网页中的电影票房信息，并计算 A 平台的票房平均值。

程序编写于下方

任务2：【求电影平均评分】

样本文件为 8.1.1 节中的网页样本 moviesample2.htm，内容为观众对电影的评分信息，分析样本文件，完成以下任务：

调用函数获取网页中观众对某部电影的打分数据，并求出平均分。

程序编写于下方

任务3：【数据清洗】

利用 Python 对数据 log.csv 进行清洗，清理掉所有字段中为空的脏数据，保存在 clean_data.csv 文件中，并统计 clean_data.csv 文件的行数。

程序编写于下方

任务4：【数据分析与可视化展示】

对数据 log.csv 进行分析，用折线图画出用户 6 月至 10 月，每日购买、点击、加入购物车、关注的变化趋势。

程序编写于下方

第 9 章

类和对象

学习任务

本章将学习 Python 中面向对象相关类的设计与使用。通过本章的学习，读者应能深入了解类和对象、面向过程和面向对象的知识，进而掌握类的属性、类的方法和构造函数的方法。

知识点

- 面向对象的概念
- 类的属性
- 类的方法

9.1 案例

9.1.1 用类设计猜数游戏

在 Python 语言中，一切皆是对象，在前面章节中，我们学习的字符串、列表、元组、字典、集合，以及各种数据变量，都是对象。这种以对象为主体的程序设计，称为面向对象程序设计，所采用的语言称为面向对象语言。面向对象程序设计更加符合人类认知世界的思维方式。换句话说，面向对象语言是对现实世界的"真实模拟"，因此面向对象语言涉及的类和对象等概念，以及类之间的关系，在现实生活中都能找到原型。

在面向对象程序设计中，类对应的是现实生活中抽象的某类事物，是个抽象的概念，如人是一个抽象的概念，汽车也是；对象则对应的是现实生活中某类抽象概念中一个具体的个体，如张三同学属于"人"这个抽象概念的一个具体的个体，再如红色 2.0T 的高尔夫汽车也是属于"汽车"这个抽象概念的一个具体的个体。因此，类是对象的抽象，而对象是类的具体实例。在进行面向对象程序设计中，首先我们要清楚具体实例有哪些，然后对这些具体实例分门别类地进行抽象处理，形成类的设计。

现以猜数游戏为例，使用 Python 对其进行面向对象程序设计，设计的猜数游戏

GuessNumberGame 类如下。

Game.py：

```
1   class GuessNumberGame:
2       def __init__(self,minnumber=0,maxnumber=100,tries=3):   #用户可以自定义猜测范围的最小值、
3   最大值、猜测次数
4           self.minnumber=minnumber
5           self.maxnumber=maxnumber
6           self.tries=tries
7       def GuessNumGame(self):
8           import random
9           secret = random.randint(self.minnumber, self.maxnumber)
10          guess = 0
11          tries = 0
12          logList = []    # 定义一个列表用来记录用户猜数的过程
13          print('请你猜一猜从{}到{}，会是什么数字?'.format(self.minnumber, self.maxnumber))
14          print("你只有{}次机会哦!".format(self.tries))
15          logBetween = "猜测范围：{}到{}".format(self.minnumber, self.maxnumber)
16          logTries = "猜测机会：{}次".format(self.tries)
17          logTrue = "正确的数字为：{}".format(secret)
18          logList.append([logBetween, logTries, logTrue])
19          while tries < self.tries:
20              guess = eval(input("请输入你猜的数字："))
21              tries += 1
22              if guess < secret:
23                  print("太小了！！！！！！！！！ ")
24                  logList.append(['第{}次'.format(tries), guess, '太小了'])
25                  continue
26              elif guess > secret:
27                  print("太大了！！！！！！！！！ ")
28                  logList.append(['第{}次'.format(tries), guess, '太大了'])
29                  continue
30              else:
31                  print("恭喜你，猜对了！ ")
32                  logList.append(['第{}次'.format(tries), guess, '猜对了'])
33                  break
34          if guess != secret:
35              print("很可惜，你猜错了！ ")
36          return logList
```

案例说明

➤ 在"Game.py"文件代码中的第 1～36 行：定义了一个猜数游戏的 GuessNumberGame 类。该类中定义了两个方法和三个对象属性。

➤ 代码第 1 行：通过 class 关键字定义了一个类，类名为 GuessNumberGame。

➤ 代码第 2～6 行：定义了一个构造函数，该构造函数有三个参数，分别是猜数字范围的最小值、最大值和猜测次数。构造函数只在对象首次产生时使用，且只调用一次。构

造函数用于在类初始化对象之前，做一些对象的初始化操作。self 关键字代表对象，以 self 关键字为前缀的变量称为对象属性，如 self. minnumber、self. maxnumber、self.tries。
➢ 代码第 7~36 行：定义了一个方法 GuessNumGame(self)，属于该类被实例化后的对象所有，即对象可以调用。实例化是指创建类的一个实例（对象）的过程。定义的 GuessNumGame()方法中包含一个参数 self，有两层含义：（1）该方法中可能会引用对象的某些属性，如代码第 9 行和第 13 行；（2）该方法属于对象所有。

textGame.py：

1	from Game import *	# 引入 Game.py 中的所有函数
2	gamehand= GuessNumberGame()	#默认猜数范围为 0~100，可猜测三次
3	logList =gamehand. GuessNumGame()	
4	print(logList)	
5	strLog = ",".join(map(str, logList))	# 将列表转换成字符串，后续考虑存储到文件中
6	print(strLog)	

案例说明
➢ "textGame.py" 文件代码的第 2 行：类 GuessNumberGame 实例化一个具体的实例（对象）并赋值给变量 gamehand。需要说明的是，在类实例化的过程中，会自动调用构造函数为对象分配三个属性（Game.py 代码第 2~6 行）。
➢ "textGame.py" 文件代码的第 3 行：对象 gamehand 调用自己的方法 GuessNumGame() 完成猜数游戏，此时调用过程中不需要添加自身的实际参数（形参列表中的 self）。

9.1.2　工作手册页：案例

学习记录：_____

关键知识点

1．代码实现案例【用类设计猜数游戏】。
2．通过学习案例，使读者掌握面向对象类和对象的概念，并对类和对象有个初步了解。

9.2 知识梳理

9.2.1 类的定义

类描述了我们生活当中的某类事物，该类事物有自己的行为和属性。在 Python 中类的定义使用关键字 class 来进行。定义的语法格式如下：

```
class <类名>:
    类属性
    <方法定义 1>:
    …
    <方法定义 n>:
```

关于类的名字命名，需要注意：（1）类名的定义规则同 Python 中标识符的命名规则；（2）类名的首字母一般要大写。

【例 9-1】类的定义

1	class Person:
2	have_skin=True
3	nature_habitate="地球"
4	def introduce(self):
5	print("我是一个人，我有思想，有感情")

在上述例子中定义了 Person 类，代表生活中的"人"这个抽象概念。

9.2.2 类的实例化

9.2.1 节介绍了如何在 Python 中定义类，【例 9-1】给出了具体的示例，但还不能直接去使用。因为类是抽象的，只有将"抽象"转化为"具体"（对象）后才可以使用。这种通过类将"抽象"转化为具体实例的过程，叫作类的实例化，即对象的生成。因此，从某种意义上也可以说，类是生成对象的模板。类实例化的语法如下：

对象名=类名()

【例 9-2】类的实例化

1	guoJing=Person()	#将 Person 类实例化一个具体实例郭靖(guoJing)
2	guoJing.introduce()	#郭靖自我介绍
3	print("郭靖是否有皮肤：{}\n 郭靖生活的地方：{}".format(Person.have_skin,Person.nature_habitate))	

该程序的运行结果如下：

我是一个人，我有思想，有感情
郭靖是否有皮肤：True
郭靖生活的地方：地球

9.2.3 类属性

类属性描述了类这个抽象概念共有的一些属性信息，如【例 9-1】中定义的 Person 类，处于"人"类中的每一个具体实例都有皮肤，都生活在地球等属性信息。因此，类属性是属于类的，是类中所有对象共有的，不属于某个特定对象。

类属性如何定义呢？方法很简单，类属性定义在类中所有方法的外面。具体语法可以参考 9.2.1 节中类的定义语法。

要想访问类属性或修改、增加类属性，可以通过"类名.属性名"进行访问或修改，具体示例可以参考【例 9-2】。

9.2.4 对象属性

在定义类过程中，可以定义类共有的一些属性，即类属性。类属性是属于类的，属于类中所有对象的，是"集体财产"。有的时候，我们也希望可以定义一些只属于对象的"私有财产"，即对象属性（又叫实例属性）。

对于对象属性的定义，需要牢记的三个准则：
（1）对象属性的定义只在类的构造方法__init__中定义；
（2）对象属性名前，必须添加前缀"self"代表引用的对象；
（3）对象属性的访问或修改，在类外一律通过"对象名.对象属性名"进行访问或修改。

【例 9-3】对象属性的定义

```
1   class Person:
2       have_skin=True
3       nature_habitate="地球"
4       def __init__(self,name,age,skills):    #构造方法
5           self.name=name                      #对象属性 self.name
6           self.age=age                        #对象属性 self.age
7           self.skills=skills                  #对象属性 self.skills
8       def introduce(self):
9           print("我是{},我{}岁了,我会的功夫有：{}".format(self.name,self.age,self.skills))
10
11  guoJing=Person("郭靖",38,"降龙十八掌,九阴真经")
12  yangGuo=Person("杨过",17,"玉女剑法,黯然销魂掌")
13  yangGuo.skills+=",蛤蟆功"
14  guoJing.introduce()
15  yangGuo.introduce()
16  print("武功：{},{}".format(guoJing.skills,yangGuo.skills))
```

【例 9-3】定义的 Person 类中，有三个对象属性（分别是 name、age 和 skills）和两个类属性（分别是 have_skin 和 nature_habitate）。在类 Person 方法中访问对象属性，需要使用 self 做前缀，这里 self 代表具体的引用对象，可参考代码第 5~7 行。在类定义外部访问对象属性，需要使用"对象名.对象属性名"访问或修改，可参考代码第 14 行、第 15 行。上述程序的运行结果如下：

```
我是郭靖,我 38 岁了,我会的功夫有：降龙十八掌,九阴真经
我是杨过,我 17 岁了,我会的功夫有：玉女剑法,黯然销魂掌,蛤蟆功
武功：降龙十八掌,九阴真经,玉女剑法,黯然销魂掌,蛤蟆功
```

在生活中，我们都有一些私密属性，如年龄、银行卡密码等信息。由于面向对象程序设计是对真实生活的模拟，那么一个很自然的问题，即对象如何实现某些私密的属性呢？我们可以通过使用对象的私有属性来实现。

在 Python 中，对象属性分为公有属性和私有属性两种。

公有属性指在类定义外，可以通过"对象名.对象属性名"的方式去访问和修改，如【例 9-3】中定义的所有的对象属性。

私有属性定义时，可以在属性名前加前缀"__"（注意，是两个连续的下画线）来实现。需要说明的是，私有属性在类外，不能通过"对象名.对象属性名"直接访问，但可以通过公有的实例方法来实现访问和修改。当然如果非要通过对象名的方式去访问和修改对象的私有属性，也可以通过"对象名._类名__私有成员名"的方式去访问和修改（破坏了私有属性的本意，不建议这样做）。

【例 9-4】对象的私有属性和公有属性

```
1   class Person:
2       have_skin=True              #公有属性
3       nature_habitate="地球"       #公有属性
4       def __init__(self,name,age,skills,weight,height):
5           self.name=name
6           self.age=age
7           self.skills=skills
8           self.__weight=weight    #定义对象的私有属性 weight
9           self.__height=height    #定义对象的私有属性 height
10
11      def introduce(self):
12          print("我是{},我{}岁了,我会的功夫有：{}".format(self.name,self.age,self.skills))
13
14      def getHeight(self):
15          return self.__height
16
17  guoJing=Person("郭靖",38,"降龙十八掌,九阴真经","70kg","181cm")
18  yangGuo=Person("杨过",17,"玉女剑法,黯然销魂掌","60kg","172cm")
19  print("武功：{},{}".format(guoJing.skills,yangGuo.skills))
20  print("郭靖的身高{}".format(guoJing.__height))         #非法，私有属性，在类外不能直接通过对
21                                                          象名来访问
22  print("郭靖的身高{}".format(guoJing._Person__height))   #合法，但不建议使用
23  print("郭靖的身高{}".format(guoJing.getHeight()))       #合法，建议
```

9.2.5 构造函数

构造函数是类实例化为对象之前首先被调用的函数,该函数实现了对象生成之前需要做的一些初始化工作,如对象属性赋值等功能。Python 中,一个类只有一个构造函数。如果用户在定义类时没有为其指定构造函数,则系统会默认为其分配一个无参数的构造函数;如果用户在定义类时为其指定了一个构造函数,则系统将不会为其分配默认的无参构造函数。

构造函数属于对象,每个对象都有自己的构造函数。构造函数的名字只能为 "__init__"。

构造函数的用法,可参考【例 9-1】和【例 9-4】。

9.2.6 静态方法

静态方法又叫类方法,该方法属于类所有,不属于对象所有。

静态方法的性质决定了该方法只能访问和修改类属性,不能访问和修改对象属性。静态方法在类外的访问,只能通过"类名.静态方法名"的方式,不能通过对象名去访问。

静态方法定义的语法格式如下:

@staticmethod
def 函数名 (参数列表):
函数体

静态方法与对象方法(又叫实例方法,参考 9.2.7 节)的区别如下:

(1) 静态方法定义的时候,需在声明方法前加上关键字"@staticmethod"。

(2) 静态方法的参数列表,如果有参数,则第一个参数不能为 self。

【例 9-5】静态方法的用法

1	class Student:
2	nationality="" #国籍
3	number=0 #注册学生人数
4	def __init__(self,name,age,gender):
5	self.name=name
6	self.age=age
7	self.gender=gender
8	Student.IncreaseNumber()
9	@staticmethod
10	def setNationnality(countryname):
11	Student.nationality=countryname
12	@staticmethod
13	def getNationality():
14	return Student.nationality
15	@staticmethod
16	def IncreaseNumber():
17	Student.number+=1
18	zhangWuJi=Student("张无忌",13,"男")
19	songQingShu=Student("宋青书",14,"男性")

20	zhouZhiRuo=Student("周芷若",12,"女性")
21	Student.setNationnality("中国")
22	print("当前注册学生人数共有{}人".format(Student.number))
23	print("该批次学生的国籍为:{}".format(Student.getNationality()))

以上实例输出结果如下：

当前注册学生人数共有 3 人
该批次学生的国籍为:中国

9.2.7 实例方法

实例方法是只属于对象的方法，该方法可以用来操作对象的属性数据。实例方法的访问，只能通过"对象名.实例方法名"的方式去访问。实例方法在定义时，参数列表至少有一个参数，且第一个参数必须为 self（注意，这个参数表示当前是哪一个对象要执行类的方法，这个实参由 Python 隐含地传递给 self）。实例方法在实际调用时，不需要显示地加上 self 实参。具体用法，可以参考【例 9-3】。

同实例属性（对象属性）一样，实例方法也分为公有的和私有的。公有方法是指在类外，可以用"对象名.实例方法名"的方式去访问的方法。私有方法只能在属于对象的方法中通过 self 调用，不能像公有方法一样通过对象名调用。私有方法的定义很简单，只需要在函数名前加两个下画线__即可。

【例 9-6】实例私有方法和公有方法

1	class Person:
2	def __init__(self,name,age,weight,height):
3	self.name=name
4	self.age=age
5	self.__weight=weight #定义私有属性以千克为单位的体重 weight
6	self.__height=height #定义私有属性以米为单位的身高 height
7	def __getBMI(self): #定义私有方法 getBMI
8	bmi=1.0*self.__weight/self.__height**2 #访问私有属性 weight 和 height
9	return bmi
10	def getGrade(self): # 定义公有方法 getGrade
11	if self.age >= 18:
12	bmi = self.__getBMI() # 调用私有方法 getBMI
13	print("身体质量指数 BMI 为：", '%.2f' % bmi)
14	if bmi < 18.5:
15	print("过轻")
16	elif bmi < 25.0:
17	print("正常")
18	elif bmi < 28.0:
19	print("过重")
20	elif bmi < 32.0:
21	print("肥胖")
22	else:

23	print("非常肥胖")
24	else:
25	print("不到18岁不计算 BMI")
26	
27	guoJing=Person("郭靖",38,70,1.81)
28	print("郭靖的 BMI 指数:")
29	guoJing.getGrade()

以上实例输出结果如下：

```
郭靖的 BMI 指数:
身体质量指数 BMI 为： 21.36
正常
```

9.2.8　get 方法和 set 方法

在前面的章节中，我们了解了对象的属性有私有和公有之分。虽然对象的私有属性在类外，是不可以直接用对象名访问的，但是可通过"对象名._类名__私有成员名"的方式去访问和修改（破坏了私有属性的本意，不建议这样做）。为了避免用户直接修改对象私有数据带来的问题（如用户直接修改的数据，不符合业务逻辑规则），可以通过 get 方法返回值、set 方法设置新值来实现这个目的。

通常 get 方法被称为获取器或访问器，set 方法被称为设置器或修改器。一般而言，一个属性对应一个 get 方法和 set 方法来读/写该属性。这两种方法的命名通常为"get+属性名"和"set+属性名"。【例 9-7】定义了矩形 Rectangle 类，该类有两个属性 width 和 height，同时要求矩形的宽度和高度赋值必须均大于 0。

【例 9-7】get 方法和 set 方法

1	class Rectangle:
2	def __init__(self,weight,height):
3	self.width=weight
4	self.height=height
5	def getArea(self):　　　　　　#返回面积
6	return self.width*self.height
7	def getPerimeter(self):　　　　#返回周长
8	return (self.width+self.height)*2
9	def getwidth(self):　　　　　　#返回宽度
10	return self.width
11	def getheight(self):　　　　　　#返回高度
12	return self.height
13	def setwidth(self, width):　　　#矩形宽度必须大于 0
14	if width > 0:
15	self.width = width
16	else:
17	print("矩形宽度必须大于 0！")
18	def setheight(self, height):　　#矩形高度必须大于 0

19	if height > 0:
20	self.height = height
21	else:
22	print("矩形高度必须大于 0！")

9.2.9 工作手册页：知识要点

学习记录：_____

_____

_____

_____

_____

_____

_____

_____

_____

_____

关键知识点

1．了解类的定义、类的实例化、类属性、对象属性、构造函数、静态方法、实例方法、get 方法和 set 方法等知识。

2．类是抽象的，对象是具体的。

3．类中包含的成员主要有属性和方法。类的属性分为类属性和对象属性，对象属性又分为公有和私有两种。

4．练习：定义一个学生类，有 6 个属性，分别为姓名、性别、年龄、语文成绩、数学成绩、英语成绩，其定义方法如下。

（1）一个打招呼的方法：介绍自己叫××，今年几岁了，是男生还是女生。

（2）两个计算自己总分数和平均分的方法，{显示:我叫××,这次考试总成绩为××分,平均成绩为××分}。

（3）实例化两个对象并进行测试：

张三 男 18 三科成绩分别为:90 95 80；

小兰 女 16 三科成绩分别为:95 85 100。

9.3 小结与习题

9.3.1 小结

本章主要学习了 Python 面向对象程序设计关于类和对象的内容，类是抽象的，对象是具体的。类对应的是现实生活中的事物，是一个抽象概念，而对象则对应的是属于某个抽象类别中的一个具体的个体。

类中包含的成员主要有属性和方法。类的属性分为类属性和对象属性，对象属性又分为公有和私有两种。

类的方法分为类方法（静态方法）和对象方法。方法类方法和对象方法在声明时有两个显著的区别，对象方法可以分为私有和公有两种。类方法必须实例化成对象之后才可以使用。

对象在实例化之前需要调用名为__init__的构造函数。Python 中每个类有且只有一个构造函数，如果用户定义类时未指定构造函数，则系统会默认分配一个构造函数。

9.3.2 习题

1. 什么是类？什么是对象？类和对象的区别是什么？
2. 如何定义类属性？
3. 类方法和对象方法的区别有哪些？
4. 类中的属性和方法均分为公有的和私有的，其区分标志是什么？

9.4 课外拓展

1. 面向对象程序设计的概念

面向对象程序设计（Object Oriented Programming，OOP）是一种计算机编程架构。OOP 的一条基本原则是计算机程序由单个能够起到子程序作用的单元或对象组合而成。OOP 达到了软件工程的三个主要目标：重用性、灵活性和扩展性。OOP=对象+类+继承+多态+消息，其中核心概念是类和对象。

面向对象程序设计的方法是尽可能模拟人类的思维方式，使软件的开发方法与过程尽可能接近人类认识世界、解决现实问题的方法和过程，也能使描述的问题空间与问题的解决方案空间在结构上尽可能一致，把客观世界中的实体抽象为问题域中的对象。

面向对象程序设计以对象为核心，该方法认为程序由一系列对象组成。类是对现实世界的抽象，包括表示静态属性的数据和对数据的操作，对象是类的实例化。对象间通过消息传递相互通信，来模拟现实世界中不同实体间的联系。在面向对象程序设计中，对象是组成程序的基本模块。

2. 面向对象程序设计的特点

（1）封装性

封装性指将一个计算机系统中的数据以及与这个数据相关的一切操作语言（即描述每一个

对象的属性及其行为的程序代码）组装在一起，并封装在一个"模块"中，也就是一个类中，为软件结构的相关部件所具有的模块性提供良好的基础。在面向对象技术的相关原理以及程序语言中，封装的最基本单位是对象，而使得软件结构的相关部件实现的"高内聚、低耦合"的"最佳状态"便是面向对象技术的封装性所需要实现的最基本的目标。对于用户来说，对象是如何对各种行为进行操作、运行、实现等细节是不需要刨根问底了解清楚的，用户只需要通过封装外的通道对计算机进行相关方面的操作即可。这样可简化操作步骤，使用户使用起计算机来更加高效。

（2）继承性

继承性是面向对象技术中的另外一个重要特点，其主要指的是两种或两种以上的类之间的联系与区别。继承指后者延续前者的某些方面的特点，而面向对象技术则是指一个对象针对另一个对象的某些独有的特点、能力进行复制或延续。如果按照继承源进行划分，则可以分为单继承（一个对象仅从另外一个对象中继承其相应的特点）与多继承（一个对象可以同时从另外两个或两个以上的对象中继承所需要的特点与能力，并且不会发生冲突等现象）；如果从继承中包含的内容进行划分，可分为四类，即取代继承（一个对象在继承另一个对象的能力与特点之后将父对象进行取代）、包含继承（一个对象在将另一个对象的能力与特点进行完全的继承之后，又继承了其他对象所包含的相应内容，结果导致这个对象所具有的能力与特点大于或等于父对象，实现了对于父对象的包含）、受限继承、特化继承。

（3）多态性

从宏观的角度来讲，多态性是指在面向对象技术中，当不同的多个对象同时接收到同一个完全相同的消息之后，所表现出来的动作是各不相同的，具有多种形态；从微观的角度来讲，多态性是指在一组对象的一个类中，面向对象技术可以使用相同的调用方式来对相同的函数名进行调用。

（来源：百度百科）

> **素养勋章要点：**
> 1. 结合生活中的实际场景，设计一个面向对象的案例。
> 2. 为了避免用户直接修改对象数据带来的问题，Python中可以通过get方法返回值、set方法设置新值来实现这个目的。简述用户直接修改对象数据的危害。

9.5 实训

类和对象

一、实训目的

1. 学会设计类。
2. 掌握类的方法和属性的定义。
3. 会使用面向对象进行程序设计。

二、实训任务

任务 1：【设计 Ticket 类】

写一个 Ticket 类，有一个距离属性（本属性为只读，在构造方法中赋值），不能为负数，有一个价格属性，价格属性为只读，并且根据距离计算价格（1 元/千米）：

0～100 千米　　　　票价不打折
101～200 千米　　　总额打 9.5 折
201～300 千米　　　总额打 9 折
300 千米以上　　　 总额打 8 折

编写一个程序，可以显示这张票的信息。

程序编写于下方

任务 2：【设计 Circle 类】

先设计一个 Circle 类表示圆，这个类包含圆的半径，以及求面积和周长的函数。再使用这个类创建半径为 1 到 10 的圆，并计算出相应的面积和周长。

程序编写于下方

任务3：【设计Account类】

设计一个Account类表示账户，自行设计该类中的属性和方法，并利用这个类创建一个账号为998866、余额为2000元、年利率为4.5%的账户，然后向该账户中存入150元，取出1500元，并打印账号、余额、年利率、月利率、月息等信息。

程序编写于下方

任务4：【设计Timer类】

设计一个Timer类，该类包括表示小时、分、秒的三个数据域，使用这三个数据域各自的get方法，设置新时间和显示时间的方法。用当前时间创建一个Timer类并显示出来。

程序编写于下方

第10章 类的重用

学习任务

本章将学习 Python 中面向对象关于类的重用内容。类的重用主要包括类的继承和组合。通过本章的学习，读者应能理解类的继承机制，并能掌握类的继承。除此之外，还要能熟练地掌握类的组合等内容，学会灵活地选择类的组合和类的继承去解决实际问题，实现代码复用。

知识点

- 类的继承
- 类的组合

10.1 案例

10.1.1 多个猜数游戏的实现

在第 9 章中，我们引入了一个猜数游戏 GuessNumberGame 类，该类实现了从一组范围中随机生成一个数值，让用户在有限的次数内进行猜测。猜数游戏起源于 20 世纪中期，时至今日，猜数游戏已经发展了几十种不同的玩法。

我们先来看一个最经典的猜数游戏玩法，该玩法规则如下：

（1）由两个人玩，一方出数字，一方猜。

（2）出数字的人要想好一个没有重复数字的 4 个数，不能让猜的人知道。

（3）猜的人每猜一个数字，出数字者就要根据这个数字给出×A×B，其中 A 前面的数字表示位置正确的数的个数，而 B 前的数字表示数字正确而位置不对的数的个数。

例如，秘密数为 2345，用户猜数为 3465，那么返回结果为【1,2】。

其中，1 表示有一个数猜对了（包括位置和数字）；
　　　2 表示有两个数猜对了，但是位置不对。

类的代码如下：

```python
class GuessNumberGameAdvance:
    def __init__(self,digtal=4,tries=3):
        self.tries=tries
        self.digtal=digtal

    def __returnUniqNumber(self,digtal):        # 返回指定位数不重复的数值
        import random as rd
        list1 = [i for i in range(0, 10)]
        sum = 0
        n = 9
        for i in range(digtal):
            sum *= 10
            t = rd.randint(0, n)
            sum += list1[t]
            del list1[t]
            n -= 1
        return sum

    def __getResult(self,secret,guess):         #返回用户猜测数值的结果
        secretstr=str(secret)
        guessstr=str(guess)
        listreslt=[0,0]
        for i in range(0, len(secretstr)):
            if secretstr[i]==guessstr[i]:
                listreslt[0]+=1
            elif guessstr[i] in secretstr:
                listreslt[1]+=1
        return listreslt

    def __isValidGuess(self,guess):             #判断用户输入的 guess 数值是否符合语法规则
        if len(str(guess)) != self.digtal:
            return False
        guesstr=str(guess)
        for i in guesstr:
            if guesstr.count(i)!=1:
                return   False
        return True

    def GuessNumGame(self):
        secret = self.__returnUniqNumber(self.digtal)
        guess = 0
        tries = 0
        logList = []    # 定义一个列表用来记录用户猜数的过程
        print('请你猜一猜{}位不重复的数值，会是什么数字?'.format(self.digtal))
        print("你只有{}次机会哦!".format(self.tries))
```

```
46            logBetween = "猜测数值有{}位不重复的数字".format(self.digtal)
47            logTries = "猜测机会：{}次".format(self.tries)
48            logTrue = "正确的数字为：{}".format(secret)
49            logList.append([logBetween, logTries, logTrue])
50            while tries < self.tries:
51                guess = eval(input("请输入你猜的数字："))
52                if self.__isValidGuess(guess)==False:
53                    print('猜测数值输入不合法！')
54                    continue
55                tries += 1
56                lresult=self.__getResult(secret,guess)
57                if lresult[0]==self.digtal and lresult[1]==0:
58                    print('恭喜你，猜对了！')
59                    logList.append(['第{}次'.format(tries), guess, '猜对了'])
60                    break
61                else:
62                    print("你猜的数值:{}A{}B".format(lresult[0],lresult[1]))
63                    logList.append(['第{}次'.format(tries), guess, '{}A{}B'.format(lresult[0],lresult[1])])
64            if guess != secret:
65                print("很可惜，你猜错了！")
66            return logList
```

GuessNumberGameAdvance 类拥有一个实例公有方法的 GuessNumGame（参见代码第 39 行到 66 行），用户只需要调用该方法即可进行猜数游戏。该类拥有三个实例私有方法（参见代码第 6 行至 37 行），这些方法将在 GuessNumGame 方法中被调用。

请读者思考这样一个场景：假如要开发一个系统软件，这个软件有段时间默认使用 GuessNumberGame 类设定的猜数游戏，有段时间默认使用 GuessNumberGameAdvance 类设定的猜数游戏（注意，游戏切换的时间和频率都不固定，），那么如何用最少的工作量实现这个系统呢？以目前学到的知识，解决的方法有两种，代码如下：

	第一种方法	第二种方法
1	# 第一种游戏玩法	print("请选择游戏种类并输入对应的编码")
2	# game=GuessNumberGame()	print("1:GuessNumberGame\n2:GuessNumberGameAdvance")
3	# game.GuessNumGame()	select=eval((input("请输入游戏编码：")))
4		if select==1:
5	#第二种游戏玩法	game=GuessNumberGame()
6	game=GuessNumberGameAdvance()	game.GuessNumGame()
7	game.GuessNumGame()	elif select==2:
8		game=GuessNumberGameAdvance()
9		game.GuessNumGame()
10		else:
11		print("游戏编码输入错误")

第一种方法，每次改变游戏规则时，都需要程序员手动更改代码，且重新编译并发布，过程烦琐，且代码有被篡改的风险；第二种方法大大减少了程序员的工作量，但是增加了终端客户的

工作量，每次运行软件都必须手动选择游戏种类，且人机交互不够友好。那么有没有更好的方式，可以解决上面两种方法的弊端呢？那就要用到本章即将学习的面向对象程序设计的知识了。

面向对象程序设计追求的本质：（1）代码复用；（2）程序可维护；（3）程序灵活性好；（4）程序可以扩展。面向对象程序设计能够像活字印刷术一样：①每一个字模都可以循环使用，就是"代码复用"；②字模的顺序可以打乱重新排列，就是"灵活性好"；③可以非常方便地替换指定的字模，就是"可维护"；④要添加新的字，只需要添加新的字模就可以，就是"可扩展"。对于上述场景的问题，可以设计类来实现，如图 10-1 所示。

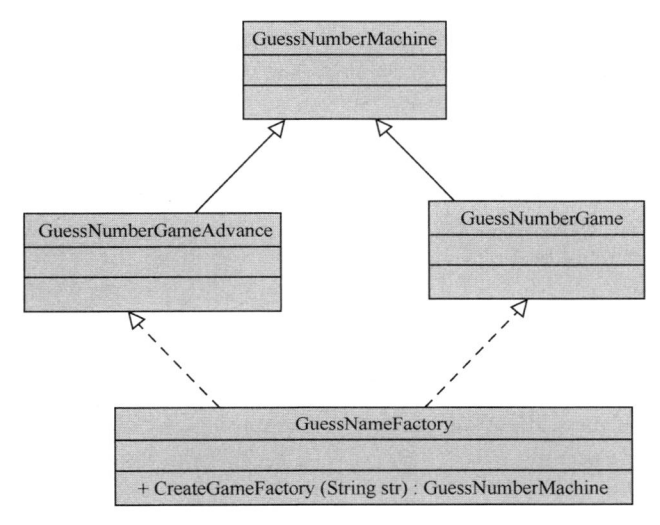

图 10-1　游戏设计类图

在上述类图中，根据 GuessNumberGameAdvance 类和 GuessNumberGame 类的构造，抽象出一个父类 GuessNumberMachine 类。然后再设计一个工厂类 GuessNameFactory，该类提供了一个公有方法 CeateGameFactory(String str)，根据方法参数 str 来返回具体的 GuessNumberMachine 类的子类，即 GuessNumberGameAdvance 类和 GuessNumberGame 类。将返回 GuessNumberGameAdvance 类实例或 GuessNumberGame 类实例的参数写到配置文件 config.txt 中，每次修改只需要修改配置文件就可以了，程序会保持不变。案例代码如下：

guessNumberMachine.py：

1	class GuessNumberMachine:
2	def GuessNumGame(self):
3	pass

guessNumberGameAdvance.py：

1	from guessNumberMachine import *
2	class GuessNumberGameAdvance(GuessNumberMachine):
3	def __init__(self,digtal=4,tries=3):
4	self.tries=tries
5	self.digtal=digtal
6	

```python
7      def __returnUniqNumber(self,digit):        # 返回指定位数不重复的数值
8          import random as rd
9          list1 = [i for i in range(0, 10)]
10         sum = 0
11         n = 9
12         for i in range(digit):
13             sum *= 10
14             t = rd.randint(0, n)
15             sum += list1[t]
16             del list1[t]
17             n -= 1
18         return sum
19
20     def __getResult(self,secret,guess):         #返回用户猜测数值的结果
21         secretstr=str(secret)
22         guessstr=str(guess)
23         listreslt=[0,0]
24         for i in range(0, len(secretstr)):
25             if secretstr[i]==guessstr[i]:
26                 listreslt[0]+=1
27             elif guessstr[i] in secretstr:
28                 listreslt[1]+=1
29         return listreslt
30
31     def __isValidGuess(self,guess):             #判断用户输入的 guess 数值是否符合语法规则
32         if len(str(guess)) != self.digtal:
33             return False
34         guesstr=str(guess)
35         for i in guesstr:
36             if guesstr.count(i)!=1:
37                 return  False
38         return True
39     def GuessNumGame(self):
40         secret = self.__returnUniqNumber(self.digtal)
41         guess = 0
42         tries = 0
43         logList = []   #定义一个列表用来记录用户猜数的过程
44         print('请你猜一猜{}位不重复的数值，会是什么数字?'.format(self.digtal))
45         print("你只有{}次机会哦!".format(self.tries))
46         logBetween = "猜测数值有{}位不重复的数字".format(self.digtal)
47         logTries = "猜测机会：{}次".format(self.tries)
48         logTrue = "正确的数字为：{}".format(secret)
49         logList.append([logBetween, logTries, logTrue])
50         while tries < self.tries:
51             guess = eval(input("请输入你猜的数字："))
52             if self.__isValidGuess(guess)==False:
53                 print('猜测数值输入不合法！')
```

```
54                  continue
55              tries += 1
56              lresult=self.__getResult(secret,guess)
57              if lresult[0]==self.digtal and lresult[1]==0:
58                  print('恭喜你，猜对了！')
59                  logList.append(['第{}次'.format(tries), guess, '猜对了'])
60                  break
61              else:
62                  print("你猜的数值:{}A{}B".format(lresult[0],lresult[1]))
63                  logList.append(['第{}次'.format(tries), guess, '{}A{}B'.format(lresult[0],lresult[1])])
64          if guess != secret:
65              print("很可惜，你猜错了！")
66          return logList
```

guessNumberGame.py：

```
1   from guessNumberMachine import *
2   class GuessNumberGame(GuessNumberMachine):
3       def __init__(self,minnumber=0,maxnumber=100,tries=3):   #用户可以自定义猜测范围的最小值、
4   最大值和猜测次数
5           self.minnumber=minnumber
6           self.maxnumber=maxnumber
7           self.tries=tries
8       def GuessNumGame(self):
9           import random
10          secret = random.randint(self.minnumber, self.maxnumber)
11          guess = 0
12          tries = 0
13          logList = []   #定义一个列表用来记录用户猜数的过程
14          print('请你猜一猜从{}到{}，会是什么数字?'.format(self.minnumber, self.maxnumber))
15          print("你只有{}次机会哦!".format(self.tries))
16          logBetween = "猜测范围：  {}到{}".format(self.minnumber, self.maxnumber)
17          logTries = "猜测机会：  {}次".format(self.tries)
18          logTrue = "正确的数字为：  {}".format(secret)
19          logList.append([logBetween, logTries, logTrue])
20          while tries < self.tries:
21              guess = eval(input("请输入你猜的数字："))
22              tries += 1
23              if guess < secret:
24                  print("太小了!!!!!!!!!! ")
25                  logList.append(['第{}次'.format(tries), guess, '太小了'])
26                  continue
27              elif guess > secret:
28                  print("太大了!!!!!!!!!! ")
29                  logList.append(['第{}次'.format(tries), guess, '太大了'])
30                  continue
31              else:
```

```
32              print("恭喜你,猜对了!")
33              logList.append(['第{}次'.format(tries), guess, '猜对了'])
34              break
35          if guess != secret:
36              print("很可惜,你猜错了!")
37      return logList
```

guessNameFactory.py：

```
1   from guessNumberMachine import GuessNumberMachine
2   from guessNumberGame import GuessNumberGame
3   from guessNumberGameAdvance import GuessNumberGameAdvance
4   class GuessNameFactory:
5       def CreateGameFactory(self,selectstr):
6           if selectstr=="GuessNumberGameAdvance":
7               return  GuessNumberGameAdvance()
8           elif selectstr=="GuessNumberGame":
9               return GuessNumberGame()
10          else:
11              return None
```

playGames.py：

```
1   from guessNameFactory import *
2   def main():
3       factory=GuessNameFactory()
4       with open('config.txt','r') as fp:
5           selctstr=fp.read()
6       game=factory.CreateGameFactory(selctstr)
7       if isinstance(game, GuessNumberMachine):
8           log=game.GuessNumGame()
9           print(log)
10
11  if __name__ == "__main__":
12      main()
```

案例说明

➢ 该案例使用面向对象类的继承等知识,实现了代码的封装和复用。类的继承是指子类继承父类,并具备父类的行为和属性,同时也可以有自己的行为和属性。例如,GuessNumberMachine 类为父类,GuessNumberGameAdvance 类和 GuessNumberGame 类均为子类。子类 GuessNumberGameAdvance 类和 GuessNumberGame 类覆盖了从父类继承过来的 GuessNumGame()方法。

➢ 该案例切换游戏规则非常方便。只需要修改配置文件 config.txt,在该文件中放入游戏类的名字即可,因此案例的灵活性好。

➢ 该案例只修改其中一个游戏规则的类,对其他已经有的类没有任何影响,因此案例的可维护性好。

> 如果案例要增加新的游戏种类，只需要添加一个继承自 GuessNumberMachine 的类即可，修改 GuessNameFactory 类的 CreateGameFactory() 方法时，其他已经有的 GuessNumberMachine 类、GuessNumberGame 类和 GuessNumberGameAdvance 类均保持不变。

10.1.2 工作手册页：案例

学习记录：_____

_____

_____

_____

_____

_____

_____

_____

_____

_____

关键知识点

1. 使用代码实现案例【多个猜数游戏的实现】。
2. 学会类的继承和组合的相关概念，对类有个深入的了解。

10.2 知识梳理

面向对象程序设计是对现实生活的"真实模拟"。类反映的是现实生活中的事物。现实生活中事物是普遍联系的，其中最普遍的一种联系就是继承，如儿子和父母，儿子的相貌和行为与父母很相似，同时，儿子也有一些不同于其父母的相貌和行为。面向对象程序设计通过类的继承和组合，实现了代码的复用，增强了程序的可维护性、可扩展性和灵活性。

10.2.1 类的继承

1. 父类与子类

父类是指被直接或间接继承的类。子类就是指继承父类的类。父类定义了公共的属性和方法，继承父类的子类自动具备父类中的非私有属性和非私有方法，不需要重新定义父类中的非私有内容，并且可以增加新的属性和方法。

在 Python 语言中，类 Object 是所有类的直接和间接父类。在程序中创建一个类时，除非明确指定父类，否则默认从 Python 的根类 Object 继承。Python 语言支持多重继承，即一个子类可以继承多个父类。

Python 中子类继承父类的语法格式为：

```
class <子类名>(父类 1[,父类 2[,父类 3, …]]):
        #类体或 pass 语句
```

子类继承父类的语法规则如下：

（1）子类能继承父类中的非私有属性，但不能继承父类的私有属性，也无法在子类中访问父类的私有属性；

（2）父类与子类如果同时定义了名称相同的属性名称，父类中的属性在子类中将被覆盖；

（3）子类能继承父类中的非私有方法，但不能继承私有方法；

（4）当子类中定义了与父类中同名的方法时，子类中的方法将覆盖父类中的同名方法，也就是重写了父类中的同名方法；

（5）如果需要在子类中调用父类中同名的方法，可以采用如下格式：super(子类名, self).方法名称(参数)。

【例 10-1】子类的继承

```
1   class ParentClass:
2       pid1="parentclassid1"
3       pid2="parentclassid2"
4       def dispaly1(self):
5           print("public method dispaly1() in   ParentClass")
6           self.__displayprivate()
7       def display2(self):
8           print("public method display2() in ParentClass")
9
10      def __displayprivate(self):
11          print("private method in ParentClass")
12      def __init__(self):
13          self.name1="parentclassName"
14          self.__author="Bert"
15
16  class ChildClass(ParentClass):
17      cid1="childclassid1"
18      pid2="childclassid2"     #覆盖类属性
19      def __init__(self):
20          super(ChildClass, self).__init__()
21          self.addAtrribute="new Attribute"    #新增加属性
22
23      def display2(self):       #覆盖从父类继承来的方法
24          print("pubic method display2()in ChildClass")
25          print("调用父类的同名方法")
26          super(ChildClass,self).display2()
27
```

```
28        def displaynew(self):    #新增加方法
29            print("public method displaynew()in ChildClass")
30
31    def main():
32        childobject=ChildClass()
33        childobject.dispaly1()    #调用继承来的方法
34        print("==============================")
35        childobject.display2()    #调用覆盖的方法
36        print("==============================")
37        childobject.displaynew()  #调用新增方法
38        print("==============================")
39        print("打印继承来的类属性:pid1={},pid2={}".format(ChildClass.pid1,ChildClass.pid2))
40        print("打印新增加的类属性:cid1={}".format(ChildClass.cid1))
41        print("==============================")
42        print("打印继承来的属性:name={}".format(childobject.name1))
43        print("打印新增加的属性:addAttribute=".format(childobject.addAtrribute))
44    if __name__=="__main__":
45        main()
```

【例 10-1】定义了父类 ParentClass 和子类 ChildClass。子类 ChildClass 继承了从父类 ParentClass 的类属性 pid1 和 pid2，并重新覆盖了 pid2 类属性和新增加了类属性 cid1；子类 ChildClass 继承了从父类 ParentClass 的公有方法 display1()和 display2()，并重新覆盖了 display2() 和新增了公有方法 displaynew()，没有继承其父类的私有方法；子类 ChildClass 继承了从父类 ParentClass 的对象属性 name，并新增加了自己的对象属性 addAttribute，没有继承其父类的私有对象属性；子类 ChildClass 在覆盖父类而来的方法 display2()中使用"super(子类名,self).父类方法名()"的方式调用了父类的 display2()方法。

程序运行结果如下：

```
public method dispaly1() in  ParentClass
private method in ParentClass
==============================
pubic method display2()in ChildClass
调用父类的同名方法
public method display2() in ParentClass
==============================
public method displaynew()in ChildClass
==============================
打印继承来的类属性：pid1=parentclassid1,pid2=childclassid2
打印新增加的类属性:cid1=childclassid1
==============================
打印继承来的属性:name=parentclassName
```

2. 构造方法的继承

在 Python 的继承关系中，如果子类的构造方法没有覆盖父类的构造方法__init__()，则在创建子类对象时，默认执行父类的构造方法。

当子类中的构造方法__init__()覆盖了父类中的构造方法时，创建子类对象，并执行子类中的构造方法，却不会自动调用父类中的构造方法。例如，【例10-1】将代码第20行注释掉，运行程序将报出如下错误：

```
Traceback (most recent call last):
  File "C:/Users/lenovo/PycharmProjects/d10project/demo.py", line 46, in <module>
    main()
  File "C:/Users/lenovo/PycharmProjects/d10project/demo.py", line 43, in main
    print("打印继承来的属性:name={}".format(childobject.name1))
AttributeError: 'ChildClass' object has no attribute 'name1'
```

如果需要调用父类的构造方法，必须在子类的构造方法中明确写出调用语句。

在子类的构造函数中调用父类的构造方法有两种方式：

（1）父类名.__init__(self, 其他参数)；

（2）super(本子类名, self).__init__(其他参数)。

【例10-1】代码第20行使用了第二种方式，因此子类继承了父类的name1对象属性。也可以使用第一种方式，即将代码第20行改为"ParentClass.__init__(self)"。

3. 多重继承

Python语言支持多重继承，即一个类可以继承多个类。这就会产生一个歧义性的问题，即如果继承的多个父类有同名的方法，那么子类到底继承哪个父类的方法呢？

为了解决这个问题，Python规定如下。

（1）经典类（Python 2.2之前版本支持的类称为经典类。当定义一个类时，未指定父类，则该类默认没有父类）按照继承的列表，采用从左到右的深度优先搜索算法寻找相应的属性或方法。

（2）新式类（Python 2.7以后版本的类支持新式类。当定义一个类时，未指定父类，则该类默认父类为Object类）采用类似于广度优先搜索算法（实际算法为C3算法）进行匹配。

新式类可以使用类中的mro方法给出当前类的继承顺序。本书只考虑新式类的继承。

【例10-2】新式类的多重继承

```
1   class A:
2       def printinfor(self):
3           print("A class printInfor")
4   class B(A):
5       pass
6   class C(A):
7       def printinfor(self):
8           print("C class printInfor")
9   class D(C):
10      pass
11  class F(B,D):
12      pass
13  def main():
14      t1=F()
15      t1.printinfor()
16      print(F.mro())      #打印类F的方法解析顺序
17
```

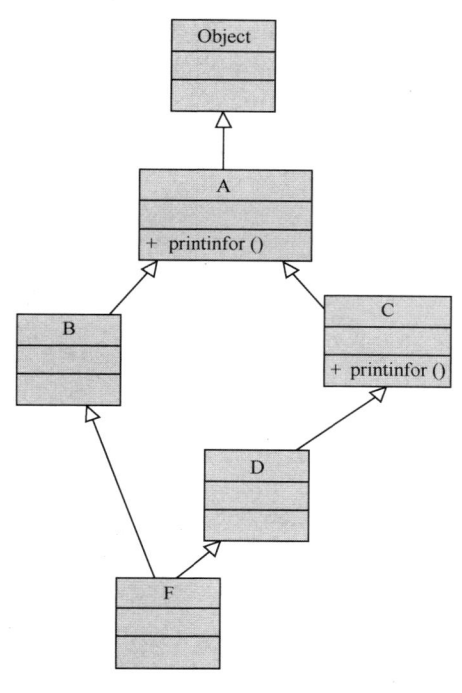

| 18 | `if __name__ == "__main__":` |
| 19 | `    main()` |

图 10-2 【例 10-2】类图

【例 10-2】中 F 类直接继承于 B 类和 D 类，B 类继承于 A 类，D 类继承于 C 类，C 类继承于 A 类，A 类继承于 Object 类，如图 10-2 所示。在该例中，类 C 和类 A 均具有 printinfor() 方法。当调用 F 类的 printinfor() 方法时，决定具体调用 A 类的方法还是 C 类的方法，可以查看 F 类的 mro() 方法来获得方法解析顺序。参照前面新式类的继承顺序，在本例中，F 类的继承顺序依次为 F→B→D→C→A→Object。因此将会调用 C 类的 printinfor() 方法。程序运行结果如下：

```
C class printInfor
[<class '__main__.F'>, <class '__main__.B'>, <class '__main__.D'>, <class '__main__.C'>, <class '__main__.A'>, <class 'object'>]
```

如果采用经典类的继承顺序，则 F 类的继承顺序为 F→B→A→D→C。因此程序运行后，将会调用 A 类的 printinfor() 方法。

10.2.2 类的组合

类的继承是一种重要的类重用技术，但是类的继承并不能解决现实生活中的所有问题。在现实生活中，没有那么多继承关系的事物，相反倒有很多需要组合才能完成的事物，比如一个国家，有不同工种的公民组成，尽管有的公民之间有继承关系。

组合也是一种重要的类重用技术。在面向对象程序设计中应坚持的一个原则，即尽可能地使用组合而不是继承。通过组合可以让一个类具备更加强大的功能，同时，也能更好地维护和拓展该类的功能。类的组合，相当于组建一个团队。团队里有来自不同专业背景的人才，从而发挥"1 加 1 大于 2"的作用。

类的组合是指在一个类中，包含其他类的对象，作为本类的成员属性。在组合关系中有两种方法可以实现对象属性初始化：（1）通过组合类构造方法传递被组合对象所属类的构造方法中的参数；（2）在主程序中创建被组合类的对象，然后将这些对象传递给组合类的 set 方法。

【例 10-3】组合类的使用

```
1   class DButil:
2       def getConnection(self):
3           pass
4       def insert(self,name,age):
5           pass
6
7   class ACCESSDButil(DButil):
8       def getConnection(self):
9           print("连接 ACCESS 数据,并打开数据库")
10      def insert(self,name,age):
11          print("信息'{}'、'{}'插入 ACCESS 数据库".format(name,age))
12
13  class CustomerDAO:
14      def __init__(self,dbutil):
15          self.dbtuil=dbutil
16
17      def addCustomer(self,name,age):
18          self.dbtuil.getConnection()
19          self.dbtuil.insert(name,age)
20
21  def main():
22      cd=CustomerDAO(ACCESSDButil ())
23      cd.addCustomer("张三",13)
24
25  if __name__ =="__main__":
26      main()
```

【例 10-3】定义了一个针对客户数据库进行插入操作的 CustomerDAO 类，该类主要用于连接数据库并执行插入操作。不同种类的数据库连接方式和操作方法是不一样的，在软件系统设计初期，如果将一种数据库的连接方式和插入方法写在 CustomerDAO 类中，不便于日后数据库的升级（需要修改 CustomerDAO 类）。为了解决这个问题，【例 10-3】提供了一种解决方案，设计的 CustomerDAO 类包含了一个 DButil 类属性。DButil 类可以用于连接数据库并进行插入操作。DButil 类派生出一个子类 ACCESSDButil()类，该子类专门用于 ACCESS 数据库的连接和插入操作。程序运行结果如下：

连接 ACCESS 数据,并打开数据库
信息'张三'、'13'插入 ACCESS 数据库

如果日后系统要升级到大型数据库，如 Oracle 数据库或 SQL Server 数据库，则只需要派

生一个从 DButil 类继承的子类即可，其他已经有的类不用做任何改变。以 SQL Server 为例，添加的代码如下：

```python
class SQLServerDButil(DButil):
    def getConnection(self):
        print("连接 SQLServer 数据,并打开数据库")
    def insert(self,name,age):
        print("信息'{}'、'{}'插入 SQL SERVER 数据库".format(name,age))
```

添加 SQLServerDButil 类之后，只需将【例 10-3】第 22 行代码修改为如下代码即可：

```python
cd=CustomerDAO(SQLServerDButil ())
```

10.2.3　工作手册页：知识要点

学习记录：_____

关键知识点

1. 了解类的继承，包括父类和子类、构造方法的继承、多重继承等概念。
2. 了解类的组合，理解类的组合存在的意义，以及如何实现类的两种组合方法。

10.3　小结与习题

10.3.1　小结

本章学习了类的重用相关知识。类的重用主要包括两种，即类的继承和类的组合。在类的继承部分，读者要能掌握类的继承意义、类的继承原则和类的继承方法。除此之外，还要掌握多重继承下，新式类的继承顺序。对于类的组合，读者要能理解类的组合存在的意义，以及如何实现类的两种组合方法。类的继承和类的组合知识，还需要读者在日后的工作运用中，细心观察，积累经验，并加以灵活运用。

10.3.2 习题

1. 什么是类的重用？
2. 什么是类的继承？Python 中类的继承原则是什么？
3. 什么是类的多重继承？Python 如何解决类多重继承带来的歧义性问题？
4. 类的组合有什么用？Python 中如何实现类的两种组合方法？

10.4 课外拓展

1. 设计模式的概念

设计模式（Design Pattern）代表了最佳的实践，通常被有经验的面向对象的软件开发人员所采用。设计模式是软件开发人员经过长时间的试验总结出来的。

设计模式是一套被反复使用的、多数人知晓的、经过分类编目的、代码设计经验的总结。使用设计模式是为了代码重用，让代码更容易被他人理解，保证代码的可靠性。设计模式使代码编制真正工程化，设计模式是软件工程的基石，如同大厦的一块块砖石一样。项目中合理地运用设计模式可以完美地解决很多问题，每种模式在现实中都有相应的原理来与之对应，每种模式都描述了一个在我们周围不断重复发生的问题，以及该问题的核心解决方案，这也是设计模式能被广泛应用的原因。

2. 设计模式的原则

为什么要提倡 Design Pattern 呢？根本原因是为了代码复用，增加可维护性。那么怎样才能实现代码复用呢？面向对象有几个原则：单一职责原则（Single Responsibility Principle，SRP）、开闭原则（Open Closed Principle，OCP）、里氏代换原则（Liskov Substitution Principle，LSP）、依赖倒转原则（Dependency Inversion Principle，DIP）、接口隔离原则（Interface Segregation Principle，ISP）、合成/聚合复用原则（Composite/Aggregate Reuse Principle，CARP）、最小知识原则（Principle of Least Knowledge，PLK）。开闭原则具有理想主义的色彩，它是面向对象设计的终极目标。其他几条，则可以看作是开闭原则的实现方法。

通过设计模式能够实现这些原则，从而达到代码复用、增加可维护性的目的。

3. 设计模式的基本模式

设计模式分为三种类型，共 23 种。

（1）创建型包括单例模式、抽象工厂模式、建造者模式、工厂模式、原型模式。

（2）结构型包括适配器模式、桥接模式、装饰模式、组合模式、外观模式、享元模式、代理模式。

（3）行为型包括模版方法模式、命令模式、迭代器模式、观察者模式、中介者模式、备忘录模式、解释器模式、状态模式、策略模式、责任链模式（职责链模式）、访问者模式。

设计模式按字典顺序排列如下。

① Abstract Factory（抽象工厂模式）：提供创建一系列相关或相互依赖对象的接口，而无

须指定它们具体的类。

② Adapter（适配器模式）：将一个类的接口转换成客户希望的另外一个接口。Adapter 模式使得原本由于接口不兼容的那些类可以一起工作。

③ Bridge（桥接模式）：将抽象部分与实现部分分离，使它们都可以独立地变化。

④ Builder（建造者模式）：将一个复杂对象的构建与其表示分离，使得同样的构建过程可以创建不同的表示。

⑤ Chain of Responsibility（责任链模式）：为解除请求的发送者和接收者之间耦合，而使多个对象都有机会处理这个请求。将这些对象连成一条链，并沿着这条链传递该请求，直到有一个对象处理它。

⑥ Command（命令模式）：将一个请求封装为一个对象，使用不同的请求对客户进行参数化；对请求排队、记录请求日志和支持可取消的操作。

⑦ Composite（组合模式）：将对象组合成树形结构以表示"部分-整体"的层次结构。它使得客户对单个对象和复合对象的使用具有一致性。

⑧ Decorator（装饰模式）：动态地给一个对象添加一些额外的职责。就扩展功能而言，它比生成子类方式更为灵活。

⑨ Facade（外观模式）：为子系统中的一组接口提供一个一致的界面。它定义了一个高层接口，这个接口使得这个子系统更加容易使用。

⑩ Factory Method（工厂模式）：定义一个用于创建对象的接口，让子类决定将哪一个类实例化。它可使一个类的实例化延迟到其子类。

⑪ Flyweight（享元模式）：运用共享技术有效地支持大量细粒度的对象。

⑫ Interpreter（解释器模式）：给定一个语言，定义其文法的一种表示，并定义一个解释器，使该解释器能够使用该表示来解释语言中的句子。

⑬ Iterator（迭代器模式）：提供一种方法顺序访问一个聚合对象中各个元素，而又无须暴露该对象的内部表示。

⑭ Mediator（中介者模式）：用一个中介对象来封装一系列的对象交互。中介者模式可使各对象不需要显式地相互引用，从而使其耦合松散，而且可以独立地改变对象间的交互。

⑮ Memento（备忘录模式）：在不破坏封装性的前提下，捕获一个对象的内部状态，并在该对象之外保存这个状态。这样以后就可将该对象恢复到保存的状态。

⑯ Observer（观察者模式）：定义对象间的一种一对多的依赖关系，以便当一个对象的状态发生改变时，所有依赖于它的对象都得到通知并自动刷新。

⑰ Prototype（原型模式）：用原型实例指定创建对象的种类，并且通过复制这个原型来创建新的对象。

⑱ Proxy（代理模式）：为其他对象提供一个代理以控制对这个对象的访问。

⑲ Singleton（单例模式）：保证一个类仅有一个实例，并提供一个访问它的全局访问点。单例模式是最简单的设计模式之一，但是对于 Java 的开发人员来说，它却有很多缺陷。

⑳ State（状态模式）：允许一个对象在其内部状态改变时改变它的行为。使对象看起来似乎修改了它所属的类。

㉑ Strategy（策略模式）：定义一系列的算法，把它们一个个封装起来，并且使它们可相互替换。

㉒ Template Method（模版方法模式）：定义一个操作中的算法骨架，而将一些步骤延迟到

子类中。它使得子类可以不改变一个算法的结构即可重定义该算法的某些特定步骤。

㉓ Visitor（访问者模式）：表示一个作用于某对象结构中的各元素的操作。它可以在不改变各元素的类的前提下定义作用于这些元素的新操作。

（来源：百度百科）

> **素养勋章要点：**
> 1. 简述几种常见的设计模式。
> 2. 谈一谈代码复用在实际工作中的重要性。

10.5 实训

类的重用

一、实训目的

1. 学会设计类的继承和组合。
2. 掌握类继承的原则，以及类继承下构造函数的使用。
3. 灵活运用类的继承和组合解决实际问题。

二、实训任务

任务 1：【计算机的组装】

将 CPU、内存、硬盘、主机、显示器等硬件设备组装在一起构成一台完整的计算机，且构成的计算机可以是笔记本，也可以是台式机，还可以是不提供显示器的服务器主机。请使用类的继承和组合，编写程序，解决这个问题。

程序编写于下方

任务 2：【教师和学生打招呼】

定义一个 Person 类，包含姓名、年龄两个属性，有一个打招呼的方法，写两个子类 Student 类和 Teacher 类，继承自 Person 类，并实现相应的打招呼方法。

Studetn 打招呼是说"大家好,我叫××,我今年××岁了"，Teacher 打招呼的方法是说"大家好,我叫××,我已经工作了"。

可选：写一个静态方法，随机产生 Student 或 Teacher 并作为返回值返回，再调用打招呼的方法。

程序编写于下方

任务 3：【动物园】

动物园中有狮子（Lion）、鸽子（Pigeon）和鸭子（Duck）。

每种动物都有一个 Eat 方式。饲养员（Feeder）需要实现喂养动物的方式。

编写程序，实现上述场景。

程序编写于下方

任务 4：【计算器】

请用 Python 面向对象语言实现一个计算器控制程序，要求输入两个数和运算符号，并得到结果。（提示：设计运算符对应的类）

程序编写于下方